『吃个明白』系列丛书

蛋白质

薯类
吃个明白

张敏◎主编

U0246509

粗纤维

水分

中国农业出版社
北京

图书在版编目（CIP）数据

薯类吃个明白/张敏主编．—北京：中国农业出
版社，2018.10
（吃个明白）
ISBN 978-7-109-24009-4

Ⅰ.①薯… Ⅱ.①张… Ⅲ.①薯类制食品－基本知识
Ⅳ.①TS215

中国版本图书馆CIP数据核字（2018）第056699号

中国农业出版社出版

（北京市朝阳区麦子店街18号楼）

（邮政编码　100125）

责任编辑　张丽四

北京中科印刷有限公司印刷　新华书店北京发行所发行

2018年10月第1版　2018年10月北京第1次印刷

开本：710mm×1000mm　1/16　印张：12.25

字数：220千字

定价：48.00元

（凡本版图书出现印刷、装订错误，请向出版社发行部调换）

丛书编写委员会

主　　编　孙　林　张建华
副 主 编　郭顺堂　孙君茂
执行主编　郭顺堂
编　　委（按姓氏笔画排序）
　　　　　车会莲　毛学英　尹军峰　左　锋　吕　莹
　　　　　刘博浩　何计国　张　敏　张丽四　徐婧婷
　　　　　曹建康　彭文君　鲁晓翔
总 策 划　孙　林　宋　毅　刘博浩

本书编写委员会

主　　编　张　敏
参编人员　吴　艳　梁　彬　王子元　王振华

序 言
preface

　　民以食为天，"吃"的重要性不言而喻。我国既是农业大国，也是饮食大国，一日三餐，一蔬一饭无不凝结着中国人对"吃"的热爱和智慧。

　　中华饮食文化博大精深，"怎么吃"是一门较深的学问。我国拥有世界上最丰富的食材资源和多样的烹调方式，在长期的文明演进过程中，形成了美味、营养的八大菜系、遍布华夏大地的风味食品和源远流长的膳食文化。

　　中国人的饮食自古讲究"药食同源"。早在远古时代，就有神农尝百草以辨药食之性味的佳话。中国最早的一部药物学专著《神农本草经》载药365种，分上、中、下三品，其中列为上品的大部分为谷、菜、果、肉等常用食物。《黄帝内经》精辟指出"五谷为养，五果为助，五畜为益，五菜为充，气味和而服之，以补精益气"，成为我国古代食物营养与健康研究的集大成者。据《周礼·天官》记载，我国早在周朝时期，就已将宫廷医生分为食医、疾医、疡医、兽医，其中食医排在首位，是负责周王及王后饮食的高级专职营养医生，可见当时的上流社会和王公贵族对饮食的重视。

　　吃与健康息息相关。随着人民生活水平的提高，人们对于"吃"的需求不仅仅是"吃得饱"，而且更要吃得营养、健康。习近平总书记在党的十九大报告中强调，中国特色社会主义进入新时代，我国社会主要矛盾已经转化为人民日益增长的美好生活需要和不平衡不充分的发展之间的矛盾。到2020年，我国社会将全面进入营养健康时代，人民群众对营养健康饮食的需求日益增强，以营养与健康为目标的大食品产业将成为健康中国的主要内涵。

　　面对新矛盾、新变化，我国的食品产业为了适应消费升级，在科技创新方面不断推

出新技术和新产品。例如马铃薯主食加工技术装备的研发应用、非还原果蔬汁加工技术等都取得了突破性进展。《国务院办公厅关于推进农村一二三产业融合发展的指导意见》提出："牢固树立创新、协调、绿色、开放、共享的发展理念，主动适应经济发展新常态，用工业理念发展农业，以市场需求为导向，以完善利益联结机制为核心，以制度、技术和商业模式创新为动力，以新型城镇化为依托，推进农业供给侧结构性改革，着力构建农业与二三产业交叉融合的现代产业体系。"但是，要帮助消费者建立健康的饮食习惯，选择适合自己的饮食方式，还有很长的路要走。

2015年发布的《中国居民营养与慢性病状况报告》显示，虽然我国居民膳食能量供给充足，体格发育与营养状况总体改善，但居民膳食结构仍存在不合理现象，豆类、奶类消费量依然偏低，脂肪摄入量过多，部分地区营养不良的问题依然存在，超重肥胖问题凸显，与膳食营养相关的慢性病对我国居民健康的威胁日益严重。特别是随着现代都市生活节奏的加快，很多人对饮食知识的认识存在误区，没有形成科学健康的饮食习惯，不少人还停留在"爱吃却不会吃"的认知阶段。当前，一方面要合理引导消费需求，培养消费者科学健康的消费方式；另一方面，消费者在饮食问题上也需要专业指导，让自己"吃个明白"。让所有消费者都吃得健康、吃得明白，是全社会共同的责任。

"吃个明白"系列丛书的组稿工作，依托中国农业大学食品科学与营养工程学院和农业农村部食物与营养发展研究所，并成立丛书编写委员会，以中国农业大学食品科学与营养工程学院专家老师为主创作者。该丛书以具体品种为独立分册，分别介绍了各类食材的营养价值、加工方法、选购方法、储藏方法等。注重科普性、可读性，并以生动幽默的语言把专业知识讲解得通俗易懂，引导城市居民增长新的消费方式和消费智慧，提高消费品质。

习近平总书记曾指出，人民身体健康是全面建成小康社会的重要内涵，是每个人成长和实现幸福生活的重要基础，是国家繁荣昌盛、社会文明进步的重要标志。没有全民健康，就没有全面小康。相信"吃个明白"这套系列丛书的出版，将会为提升全民营养健康水平、加快健康中国建设、实现全面建成小康社会奋斗目标做出重要贡献！

万宝瑞

原农业部常务副部长
全国人大农业与农村委员会原副主任委员
国家食物与营养咨询委员会名誉主任

前　言
introduction

　　俗话说："民以食为天。"随着我国人均可支配收入的提高，人们的消费观念发生了转变，饮食结构也发生了明显变化。食物摄取的合理性与我们的身体健康及生活质量密切相关，越来越多的人不再满足于吃饱，而是要追求"好吃"和"吃好"。

　　在日常生活中，精米细面和大鱼大肉占比太多，五谷杂粮摄入较少，造成了膳食结构的不合理；同时因为工作压力大、运动量少，使得摄取的食物能量与身体消耗的能量不能达到平衡，从而导致诸多亚健康问题出现。有些"爱美"人士片面追求苗条身材，过度控制饮食，摄取食物品种单一，造成营养不良，影响身体健康；有些人群由于自身喜好或工作原因，长期过量摄取高热量的食物，造成营养过剩或身体肥胖，导致高血压、高血脂、糖尿病、心脑血管等疾病的发病率不断上升。

　　通过摄取不同的食物调节营养平衡，可以预防和辅助治疗因营养过剩或营养不良而造成的影响身体健康的疾病。原卫生部委托中国营养学会新修订的《中国居民膳食指南》，以谷类、薯类、蔬果类、肉蛋类、奶豆类和油盐五大类食物构建成"中国居民平衡膳食宝塔"，指导中国人合理膳食。新膳食指南中强调多吃蔬菜、水果和薯类，以满足人们合理膳食结构的需要。俗话说"粗茶淡饭保平安"，众多营养专家也积极倡导将薯类等纳入中国人的日常食谱，越来越多的人将加入吃"薯"行列。

　　中国是世界上薯类生产大国，其中番薯、马铃薯的种植面积和产量均居世界首位。

　　马铃薯已是位于水稻、玉米、小麦之后的重要粮食作物，在保障国家粮食安全及促进国民社会经济发展中起着重要作用。长期以来薯类在传统育种方面具有良好的研发团队和成果，因此自"十一五"以来，木薯、番薯和马铃薯都已被列入国家现代农业产业技术体系。2015年，中国启动"马铃薯主粮化关键技术体系研究与示范"公益性行业（农业）科研专项项目，马铃薯已成为继水稻、玉米、小麦之后的又一主粮。

　　薯类是以膨大块根肉质为食用对象的农作物，也是粮菜兼用的大宗农产品。其品种较多，贮存方便，而且有很多特殊的药用价值。薯类块根营养丰富，富含淀粉、膳食纤维、维生素及矿物元素等，可改善居民膳食营养结构，调节人体生理功能，促进人体新陈代谢。因此，薯类越来越受到人们的重视，薯类食品也逐渐受到消费者的青睐。

　　本书共分四个部分。第一部分"撕名牌：认识薯类"；第二部分"直播间"，介绍薯类的营养价值、加工知识、选购方法和储藏方法知识；第三部分"开讲了：吃个明白"，介绍各种薯类如何食用的知识；第四部分"热知识、冷知识"，针对日常生活中与薯类相关的一些疑问进行解答。书中收录了马铃薯、番薯、木薯、山药、芋头、豆薯、洋姜、魔芋、雪莲果9个薯类品种和荸荠、菱角、莲藕3个准薯类品种，并对它们的种植及分类情况、营养价值、加工方法、选购方法、储藏方法、应季饮食、饮食禁忌、花样食谱等进行了简要介绍。为工厂、家庭、作坊、饭店、宾馆及各地中、小型企业主开展薯类综合利用，开发营养丰富、方便、美味的系列产品，推动薯类加工业发展，创造更高的经济价值提供借鉴。书中尽量选用人们日常能够接触的原物图片为例进行文字描述。该书的特点是图文并茂、直观性强、通俗易懂、实用性强。书中的养生保健作用不能替代医学治疗，仅供您在日常生活中作参考。

　　由于作者水平有限，书中不妥之处在所难免，热诚期望广大读者批评指正。

目 录
Contents

四、热知识、冷知识

参考文献

一、

撕名牌：
认识薯类

（一） 薯类包括什么

提及薯类，大家首先想到的就是番薯和马铃薯。实际上，薯类作物是一类具有可供食用的块根或地下茎的作物总称，包括马铃薯、番薯、木薯、山药和豆薯等，如表1所示。我国统计年鉴里的薯类，一般只包括番薯和马铃薯。

表1　常见薯类列表

通用名称	正名	别名	科别	生长习性	主要利用部分	主要分布地带
红薯	甘薯	番薯、地瓜、红苕、红薯、白薯	旋花科	中生、阳性	块根	热带及温带
洋芋	马铃薯	洋芋、土豆、山药蛋	茄科	中生、阳性	块茎	热带及温带
山药	薯蓣	山药、薯药、薯芋、延章、玉延、淮山、山薯	薯蓣科	中生、阳性	块根	热带及温带
芋	芋艿	芋艿、芋奶、芋鬼、蹲鸱、磨芋、芋头	天南星科	半温生、阴性	球茎	温带
魔芋	蒟蒻	魔芋、磨芋	天南星科	中生、半阴性	球茎	温带
洋姜	菊芋	生姜芋、鬼芋、鬼子姜	菊科	中生、阳性	块茎	热带及温带
木薯	木薯	树薯、树番薯	大戟科	中生、阳性	块根	热带及温带
豆薯	豆薯	凉薯、地瓜、萝沙果、地萝卜、土瓜	豆科	半旱生、阳性	块根	热带及温带
雪莲果	菊薯	菊薯、雪莲薯、地参果、雅贡、亚贡	菊科	中生、阳性	块根	热带及亚热带

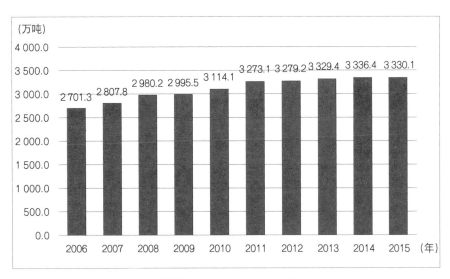

我国薯类2006—2015年的产量

俗话说："民以食为天。"随着我国人均可支配收入的提高，越来越多的人不再满足于吃饱，而是要追求"好吃"和"吃好"。同时，为了避免在日常生活中偏听偏信，把好"吃"这一关也成为人们日益关切的话题，寻求"吃个明白"。对于日常食用频率非常高的薯类，要做到"吃个明白"，首先要"看个明白"。下面我们将针对几种常见薯类，具体介绍如何明明白白地"吃好"。

下面我们来具体地认识几种薯类。

1. 马铃薯

马铃薯（*Solanum tuberosum*）属茄科多年生草本植物，块茎可供作粮食或蔬菜食用，是全球第四大重要粮食作物。马铃薯因酷似马铃铛而得名，此称呼最早见于康熙年间的《松溪县志食货》。在中国的东北、河北及鄂西北一带称之为土豆，华北地区称之为山药蛋，西北和两湖地

区称之为洋芋，江浙一带称之为洋番芋或洋山芋，广东称之为薯仔，粤东一带称之为荷兰薯，闽东地区则称之为番仔薯。英语potato来自西班牙语patata，此西班牙词汇是由泰依诺语batata（红薯）和克丘亚语papa（马铃薯）混合而来的。

别拿土豆不当主粮

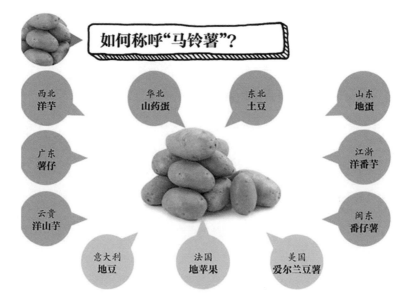

如何称呼"马铃薯"？

西北 洋芋
华北 山药蛋
东北 土豆
山东 地蛋
广东 薯仔
江浙 洋番芋
云贵 洋山芋
闽东 番仔薯
意大利 地豆
法国 地苹果
美国 爱尔兰豆薯

收获马铃薯

据史料记载，马铃薯原产于南美洲安第斯山区（现在的秘鲁、玻利维亚、智利等地），人工栽培历史最早可追溯到大约公元前8 000～前5 000年的秘鲁南部地区。安第斯山脉3 800米之上的的的喀喀湖区可能是马铃薯最早被栽培出来的地方。在距今大约7 000年前，一支印第安部落由东部迁徙到高寒的安第斯山脉，在的的喀喀湖区附近安营扎寨，以狩猎和采集为生，是他们最早发现并食用了野生的马铃薯。

16世纪中期，马铃薯被西班牙殖民者从南美洲带到欧洲，那时人们只是欣赏它美丽的花朵，把它当作装饰品。最重要的马铃薯栽培种是四倍体种，四倍体栽培种马铃薯

彼得一世下令种植土豆

1910年俄国的喇嘛在种植土豆

向世界各地的传播始于1570年，短日照类型品种从南美的哥伦比亚被引入欧洲的西班牙，经人工选择，成为长日照类型。1586年英国人在加勒比海击败西班牙人，从南美搜集烟草等植物种子，故马铃薯被带到了英国。英国的气候适宜马铃薯的生长，所以相比于其他的谷物产品，马铃薯的产量高且易于管理。1650年马铃薯已经成为爱尔兰的主要粮食作物，并开始在欧洲普及。17世纪时，马铃薯传播到中国，并很快在内蒙、河北、山西、陕西北部普及。1719年爱尔兰移民将马铃薯带到美国，开始在美国种植。18世纪初期，俄国彼得大帝游历欧洲时，花重金购买马铃薯后种在宫廷花园里，后来逐渐发展到民间种植。

马铃薯是耐寒、耐旱、耐瘠薄、适应性强、维生素含量高、营养丰富的农作物。根据联合国粮农组织（FAO，2011）统计，目前全世界种植马铃薯的国家和地区已达157个，种植面积2.89亿公顷，总产量3.74亿吨。中国、俄罗斯、印度、乌克兰、美国等是马铃薯主要生产国。世界马铃薯年消费量约3亿～3.3亿吨，形成亚洲50%，欧洲30%，美洲、非洲、大洋洲20%的世界马铃薯生产格局，马铃薯种植已成为世界粮食安全的重要保障。中国是马铃薯第一产量大国，全国各地均有栽培，但主要集中在以下几个地区：

北方一作区（占49%）：包括青海、甘肃、宁夏、新疆、内蒙古、陕西北部、山西北部、河北北部以及辽东半岛以北的辽宁、吉林、黑龙江；

中原二作区（占5%）：包括江西、江苏、浙江、安徽、山东、河南及陕西、山西、河北、辽宁四省的南部和湖北、湖南的东部；

南方二作区（占7%）：包括广东、广西、福建、台湾、海南；

西南一、二季混作区（占39%）：包括西藏、四川、贵州、云南和湖北、湖南的南部。

世界各国十分重视生产马铃薯加工食品，如法式冻炸条、炸片、速溶全粉、淀粉以及花样繁多的糕点、蛋卷等，多达100余种。联合国宣布2008年为国际马铃薯年，2015年，中国启动马铃薯主粮化战略，推进把马铃薯加工成馒头、面条、米粉等主食，预计到2020年，50%以上的马铃薯将作为主粮进行消费（陈萌山，2015），成为稻米、小麦、玉米之外的又一主粮作物。

2. 番薯

番薯（*Ipomoea batatas* (L.) Lam.）别称甘储、甘薯、朱薯、金薯、番茹、红山药、玉枕薯、山芋、地瓜、山药、甜薯、红薯、红苕、白薯、阿鹅、萌番薯（戴起伟，2015）。一年生草本植物，地下部分具圆形、椭圆形或纺锤形的块根，块根的形状、皮色和肉色因品种或土壤不同而各有不同。番薯是家喻户晓的作物，它的名称却易被混淆。地瓜（Leguminosae）、白薯（sweet potato）、红薯（Ipomoea batatas）等别称让人眼花缭乱，不同地区的人们对它的称呼也不同，河南与山东大部分地区称其为红薯，北京人称其为白薯，东北人称其为地瓜，上海人

番薯

烤番薯

和天津人称其为山芋，江苏南部称其为山芋，而苏北徐州地区称其为白芋，安徽大部分地域和苏北地区的丰县附近称其为红芋，而安徽中南部合肥六安一带则称其为芋头，陕西、湖北、重庆、四川和贵州称其为红苕，浙江人称其为番薯，江西人称其红薯、白薯、红心薯、粉薯等，福建、广西地区称番为红薯或地瓜，这些都只是番薯的别称而已。

番薯野生种起源于美洲的热带地区，由印第安人人工成功种植，其抗病虫害能力强，栽培容易。哥伦布初见西班牙女王时，曾将由新大陆带回的甘薯献给女王，后来西班牙水手又将甘薯传至菲律宾。嘉靖年间（1558年）成书的《广东通志》物产部分记载，广东薯类植物包括红薯、甘薯、甜薯和山薯，当时说的红薯并不是现在的番薯，但甘薯则极有可能指的是番薯。成书于宣统年间的《东莞县志》物产部分有更详细的记载：早在万历八年，也就是公元1580年，一位名叫陈益曾的东莞海商从当时的西班牙殖民地吕宋（今菲律宾）将番薯引入中国。万历二十一年（1593年）五月，福建长乐人陈振龙又将番薯从吕宋携带回中国，试种后，"甫及四月，启土开掘，子母钩连，大者如臂，小者如拳"，福建巡抚金学曾大力推广，并撰《海外新传七则》。《农政全书》详细记述了番薯的种植方式，李时珍《本草纲目》载："南人用当米谷果餐，蒸炙皆香美……，海中之人多寿，亦由不食五谷而食甘薯故也。"番薯现已广泛栽培于全世界的热带、亚热带地区（主产于北纬40°以南）。中国大多数地区普遍栽培，以淮海平原、长江流域和东南沿海各省最多，种植面积较大的有四川、河南、山东、重庆、广东、安徽等省（直辖市）。

根据气候条件和耕作制度的差异，整个中国的生产分为五个生态区：

① 北方春薯区。包括辽宁、吉林、河北、陕西北部等地，该区无霜期短，低温来临早，多栽种春薯。

② 黄淮流域春夏薯区。属季风暖温带气候，栽种春夏薯均较适宜，种植面积约占全国种植总面积的40%。

③ 长江流域夏薯区。除青海和川西北高原以外的整个长江流域。

④ 南方夏秋薯区。除北回归线以北、长江流域以南种植夏薯外，部分地区还种植秋薯。

⑤ 南方秋冬薯区。北回归线以南的沿海陆地和台湾等岛屿属热带湿润气候，夏季高温，日夜温差小，主要种植秋薯、冬薯。

据联合国粮食及农业组织（FAO）统计，2010年世界上有100多个国家种植番薯，亚洲产量第一，占91.4%，非洲产量次之，占5.1%，其次是拉丁美洲，欧洲种植较少。亚洲种植面积较大的国家有中国、日本、韩国、越南、印度尼西亚等，自16世纪（明朝）以来，番薯就成为我国最重要的农作物之一。现今，我国每年的番薯产量约1.17亿吨，约占世界番薯产量和基因资源的90%。淀粉是番薯的主要组成成分，占其干重的50%～80%，因此番薯是一种理想的淀粉资源和能源作物。番薯的主要品种有徐薯18、胜利百号、南瑞苕、豫薯6号等30多种（黄华宏，2002）。

番薯传入中国

紫薯

3. 木薯

木薯（*Manihot esculenta* Crantz），又称南洋薯、木番薯、树薯，是大戟科植物的块根。木薯原产巴西，作为世界三大薯类之一，广泛栽培于热带和亚热带地区。在我国南亚热带地区，木薯是仅次于水稻、甘薯、甘蔗和玉米的第五大作物。木薯于19世纪20年代被引入中国，首先在广东省高州一带栽培，随后引入海南岛，现已广泛分布于华南地区，以广西、广东和海南栽培最多，福建、云南、江西、四川和贵州等省的南部地区亦有引种试种。木薯通常有枝、叶是淡绿色或紫红色两大品系，前者毒性较低。

广东高州县《县志》（1889年重修本）有"木薯，道光初（道光元年即1820年），来自南洋"的记载，梁光商等人认为，木薯是在1820年前后首先被引入中国广东省栽培的，但最早有记载木薯的书是1840年林星章等编写的《新会县志》，该书对木薯的形态、种植、使用等都做了简单记述。当时出版的专辑《种木薯法》，对木薯形态特征、水土保持、种植方法、收获和品种、留头缩根、加工计划等方面都做了扼要的描述，说明当时对木薯已经有了比较深刻的了解。

我国木薯年产量约为500万吨，主要品种有蛋黄木薯、面包木薯等。与马铃薯、甘薯合称世界三大薯类，有"地下粮仓""淀粉之王"和"能源作

木薯

木薯干

物"之称（黄金华，2009）。

木薯的主要用途是食用、饲用和工业上开发利用。块根淀粉是工业上主要的制淀粉原料之一。目前世界上木薯的总产量约1.1万吨，其中65%用于人类食物，在热带地区的发展中国家，木薯是最大的粮食作物。木薯对光、热、水资源的利用率非常高，单位面积的生物能产量几乎高于其他所有栽培作物，具有抗旱、耐瘠薄、适应性广泛、储藏根淀粉含量高（达干重的85%）等特性，在生物质能源的开发和利用中占有非常重要的地位。因此，可利用荒山、荒地、沙土地等边缘地带开展木薯种植，做到不与粮食争地；同时又有环境效益，符合生物能源与粮食生产和谐发展的长期战略，有利于保障国家的粮食安全（郑诚，1993；冀凤杰，2015）。

4. 山药

山药（*Dioscorea opposita*）又称薯蓣、土薯、山薯蓣、怀山药、淮山、白山药。山药，块茎长圆柱形，垂直生长；茎通常带紫红色，右旋，无毛。单叶，在茎下部的互生，中部以上的对生，很少3叶轮生；叶片变异大，卵状三角形至宽卵形或戟形；幼苗时一般叶片为宽卵形或卵圆形，基部深心形。叶腋内常有珠芽。雌雄异株。雄花序为穗状花序；花序轴明显地呈"之"字状曲折；苞片和花被片有紫褐色斑点；雄花的外轮花被片为宽卵形。雌花序为穗状花序，1～3个着生于叶腋。蒴果不反折，三棱状扁圆形或三棱状圆形；种子着生于每室中轴中部，四周有膜质。花期6～9月，果期7～11月。山药的正式记载，最早

山药

出自古代先秦地理名志《山海经》（公元前770—前256年）："景山，北望少泽，其草多署预。"景山，指今天的山西省运城市闻喜县境内的中条山高峰。历史上，我国北方栽培的薯蓣，实际只有山药一种，而非其他薯蓣种植物。《图经本草》（公元1061年）记载："今处处有之，春生苗，茎紫叶青，有三尖角，似牵牛更厚而光泽，夏开细白花，大类枣花，秋生实于叶间，状如铃，二月、八月采根山药；以'北都、四明者最佳'。"北都即今天山西省省会太原市，四明即今天浙江省四明山。由此基本可以认为，太原是长山药的原产地，浙江四明山是圆山药的原产地。山药现已普及，主产地为河南、山西、陕西等省；山东、河北、浙江、湖南、四川、云南、贵州、广西等地亦有栽培。

山药的食用，最早文献记载于《卫国志》：公元前734年，诸侯卫桓公以古怀庆府（今河南焦作地区）出产的山药向周王室进贡。药物学专著《神农本草经》（成书于战国或秦汉）将山药列为上品。不过当时的山药可能是野生的，还未进入人工栽培阶段。

山药的人工栽培，最早文字记载见于西晋的《南方草木状》（公元304年），之后北魏贾思勰的《齐民要术》（公元533—544年）加以引用，但被列于"非中国物产者"卷中，说明当时在今天的华北、西北地区还未有人工栽培。唐末《四时纂要》（成书于唐末，或唐末至五代初）一书引用道士王旻的《山居要术》（成书于8世纪中期）中的"种薯蓣法"，详细记载了山药用种薯切段栽培及制粉的过程。由此可见，我国山药人工驯化栽培应该始于南方，隋唐之后北方开始有人工栽培。同时也说明我国是世界上最早进行山药人工栽培的国家，有约1 700年的历史。宋代以后，我国山药种植范围日趋广泛。《图经本草》明确记载了山药种植地区："近汴洛人种之极有息。"之后，明代《农政全书》记载山药"今齐鲁之间尤多"，又记载山东、江南种薯法。由此推论，宋代时我国山药主要种植在河南地区；到了明代，山东、江南等地山药也广有种植，且栽培技术已经相当成熟；清代中后期以后，各省均有山药种植，但是分布零星，面积有限。

　　脚板薯学名叫毛薯，别名有参薯、薯莨、大薯、黎洞薯等，属山药类。脚板薯块茎为不规则的扁块形，状似脚板，富含黏液质、维生素、淀粉酶等多种营养物质。每100克脚板薯含碳水化合物（主要是淀粉）24.9克，蛋白质2.1克，不溶性膳食纤维1.1克。

采收山药

脚板薯

　　山药从肉质上分有水山药和绵山药两大类；从外形上分有长山药、扁山药、圆山药三种。长山药比较常见，如麻山药、大和长芋、铁棍山药、水山药等品种。其品种特点如下：

　　① 铁棍山药：品质最好的长山药，但是这个品种产量特别低，亩产约1吨，山药长得很细长。

　　② 细毛山药：品种的品质很好，亩产山药1～1.5吨，长得细长。

　　③ 麻山药：麻山药在河北的种植面积很大，外型比铁棍山药、细毛山药要粗。一般亩产2吨左右，根毛比较密，表皮不光滑，吃起来口感带一点点麻，但是很面。

　　④ 大和长芋：大和长芋是日本品种，亩产比较高，一般可达2.5～3吨，

高产地块亩产可达4吨，甚至更高。外形比上述三个品种粗，根毛比较粗，吃起来也较面，但不如上述三个品种抗病性强，田间管理要注意防病。大和长芋是我国山药出口的一个主要品种。

⑤ 水山药：以江苏北部盛产，别名淮山药、"华籽山药"，产量高，不结山药豆，含水量高，含淀粉量少。水山药适合在沙土地中种植。

⑥ 大久保德利2号：日本品种，外观是扁形，如同扇面，含水量比长山药少，淀粉、蛋白质和黏液汁含量均比长山药高，煮炖后吃起来又绵又面，适口性好。

5. 芋头

芋头（*Colocasia esculenta* (L.) Schoot）又称芋、青芋、芋艿，天南星科植物的地下球茎。属多年生草本植物，原产于印度，后由东南亚、华南地区及日本等地引进。我国以珠江流域及台湾地区种植最多，长江流域次之，其他省市也有种植。古称、异名很多：蹲鸱（《史记》），芋魁（《汉书》），芋根（《汉书》颜师古注），土芝（《别录》），芋奶（《种芋法》），芋艿（《中国医学大辞典》）。

芋头

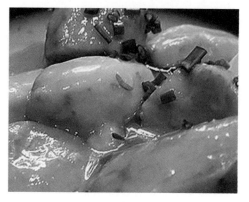

芋头汤

　　芋是世界上最古老的作物之一，中国是芋的起源地之一。战国时期《管子·轻重甲篇》（公元前四世纪）、《史记·货殖列传》（公元前一世纪）等古籍已有芋的记载。秦时卓氏迁蜀，就听说汶山（即泯山，古时可泛指川西北山区）之下盛产"蹲鸱"，赖此可以终生不饥，便放弃了迁北之葭萌而自愿远迁临邛。成都和彭县出土的《种芋》《采芋》画像砖瓦，更是生动地反映了汉代成都平原水芋的大田种植情景。西晋南北朝时种芋经验已相当成熟，已有14种芋品种。所以当时"蜀汉既繁芋，民以为资"，成为举国皆知的常识。唐代仍是普遍种芋，就连锦里先生杜甫也是"园收芋粟不全贫"，竟然在这个北方诗人的心目中，芋也与粟有同等重要的地位。甚至到了南宋时期，我国有些平川地区，还以"芋区"和"粟陇"为夏季主要农田景观。芋在唐宋广泛种植的同时，由于冬小麦的逐渐推广，使所有传统夏粮在它的面前相形见绌，随着旱地粟—冬小麦和水田稻—麦轮作制的建立，能用于种芋的闲田日渐减少。南宋以后，芋便下降为一般蔬菜了。不耐低温，适合于阴凉处存放。

　　经劳动人民长期因地制宜地选种培育，已有多种不同类型的品种。依栽培所需环境条件可分为水芋和旱芋两类；而按球茎可分为下列三类：

　　① 多头芋：母芋中等大小、分蘖群生，子芋甚少，肉质粗，味劣。可在较低温度下和较短的生长期栽培。主要品种有台湾山地栽培的狗蹄芋，广西宜山的狗爪芋，上海、杭州的白梗芋、红梗芋，江浙香梗芋，广东、广西旱芋、花腰红芽芋，武汉白荷、绛荷，福建紫芋、白露子，四川绿杆芋等。

　　② 大魁芋：植株高大，母芋单一或少数，生子芋少但母芋甚发达，粉质，肥大而味美，产量高。主要品种有台湾、福建、广东等热带地区的槟榔心、竹节芋、红槟榔心、槟榔芋、面芋、红芋、黄芋、糯米芋、火芋等。

　　③ 多子芋：子芋多而群生，母芋多纤维，味不美，栽培目的是采收子

芋。主要品种有台湾的白芋、乌柿芋等，浙江的白梗芋、红顶芋、乌脚芋、黄粉芋等。

常见的栽培品种介绍：

① 红芋别称红芽芋，株高90～100厘米，叶片阔卵形，叶柄淡紫色。母芋较大，近圆形，子芋肥大，皮厚，褐色，肉白色，芽鲜红色。含淀粉较多，品质优。鲜芋食用，也可干制。中熟。

② 白芋别称白芽芋，发芽为白色，叶柄为绿色，叶脉浅绿色，叶柄黄绿色，近叶处稍带紫晕。母芋圆球形或椭圆形，稍弯，子芋椭圆形或长圆形，顶芽黄白色。球茎含水分较多，肉质细品质好，耐储藏。

③ 九头芋别称狗爪芋，株高80～90厘米。叶片阔卵形，叶柄绿色。母芋与子芋丛生，子芋稍多，球茎倒卵形，褐色，肉白色。肉质滑，味淡。蔬食和晒干作药用。九头芋的口味略优于白芋、红芋。

④ 槟榔芋别称荔浦芋、香芋等，株高80～150厘米。叶片阔卵形，叶柄从下至上由绿逐渐过渡为咖啡红，直至叶芯。球茎长椭圆形，深褐色，肉白色，有咖啡色斑纹。母芋大，子芋长卵形，福州地区俗称芋柄。耐湿性较其他品种差，耐贮性较好。

⑤ 龙洞早芋为广东农家品种，株高40～60厘米、叶片绿色，长35～50厘米，叶柄紫红色。球茎卵圆形，芽白色，表皮光滑呈黄褐色，淀粉含量高，肉白色。品质优良。较耐寒，耐贮运。

6．豆薯

豆薯（*Pachyrhizus erosus*）别名芒光、沙葛、凉薯、土瓜、地萝卜。湖北、贵州大部分地方叫地瓜，海南则叫葛薯（又写作"葛藷"），福建等地称其为番葛，潮汕地区称其为力缚、网关。它是豆科豆薯中能形成块根的栽培属种，属于一年生或多年生草质藤本植物。凉薯原产热带美洲，美洲栽培历史很久，哥伦布发现新大陆后由西班牙人传入菲律宾，以后传到世界各地。中国西南、华南和台湾省栽培较多。

豆薯富含糖类、蛋白质，据测定，每千克块根中含水分810～880克、碳水化合物76～119克，维生素和矿物质含量丰富，主要包括核黄素、硫胺素、钾、钙、铜、锌等。常吃凉薯可以抗氧化、延缓衰老，加快人体新陈代谢、排毒养颜。从中医角度来看，凉薯具有清热去火、养阴生津的功效，常见的药用做法是将

豆薯

葛

凉薯加工成沙葛粉，熬成半透明的糊状后加入砂糖，清晨空腹服用，主要是用来调理肠胃、预防高血压，尤其适合体弱多病的中老年人食用。凉薯口感清脆、肉质洁白、嫩脆、香甜多汁，既可生食又可将其切成条、块、片等烹调成菜肴。南方人则喜欢将凉薯切块，与瘦肉一起煲汤。老熟块根中淀粉含量较高，可提制淀粉。种子和茎叶中含有鱼藤酮（$C_{23}H_{22}O_6$），对人、畜和昆虫有毒（陈延燕，2008；陈忠文，2007；陈忠文，2008；李有志，2009），对人主要毒作用是先兴奋延髓中枢，引起呼吸中枢兴奋和惊厥，继而发生呼吸中枢及血管运动中枢麻痹，大剂量时可直接抑制心脏，使心跳减慢导致死亡（程勇祥，2011）。印度和东南亚各国也习惯食其嫩荚。

凉薯的块根有扁圆形和纺锤形两个类型，前者较小，质地细嫩，较早熟，产于贵州、四川、云南等地；后者较大，较晚熟，产量较高。按成熟期分为早熟、晚熟种。

① 早熟种：植株长势中等，叶片较小，块根膨大较早，生长期较短。块根扁圆或纺锤形，皮薄，纤维少，鲜食或炒食。目前应用的品种有：贵州黄平地瓜、四川遂宁地瓜、成都牧马山地瓜、台湾马来种、广东顺德沙葛等。

② 晚熟种：植株长势强，生长期长，块根成熟较迟。块根扁纺锤形或圆锥形，皮较厚，纤维多，淀粉含量高，水分较少。适于加工制粉。常用的品种有：广东湛江大葛薯、广州郊区迟沙葛、台湾圆锥形种等。

7. 洋姜

洋姜（*Helianthus tuberosus* L.）学名菊芋，又名五星草、菊姜、鬼子姜、鬼子白薯等，是菊科向日葵属宿根性草本植物。原产北美洲，17世纪传入欧洲，18世纪末传入中国。从20世纪末开始，菊芋在我国开始大面积

洋姜

规模化种植。菊芋被联合国粮农组织官员称为"21世纪人畜共用作物"。

　　每100克洋姜块茎中含水分79.8克，粗蛋白0.1克，脂肪0.1克，碳水化合物16.6克，粗纤维0.6克，灰分2.8克以及多种维生素和矿物质，并含丰富的菊糖、多缩戊糖等物质。中医认为，洋姜性味甘、平、无毒。有利水去湿、和中益胃及具清热解毒的作用，为利尿剂。

　　洋姜有点像生姜，但无辣味，是制作酱菜的主要原料之一，其味道清脆爽口；也可炒食、煮食或熬粥，晒制菊芋干，或作制取淀粉和酒精原料。洋姜含有丰富的菊糖，提炼后具有特殊的保健和抗癌作用。人们从洋姜块茎中提取出菊粉，是一种可溶性膳食纤维，一种低能量的新型糖料。

8. 魔芋

魔芋（*Amorphophallus rivieri*），学名蒟蒻，又作磨芋、雷公枪、蓇蒟（kūnjǔ），又名蒻头（《开宝本草》）、鬼芋（《图经本草》）、花梗莲（江西新建）、虎掌（江西万年）、花伞把（江西定南）、蛇头根草（江西丰城）、花杆莲（贵州）、麻芋子（陕西）、

魔芋

野魔芋、花杆南星、土南星（江西）、南星、天南星（广西河池）、花麻蛇（云南思茅）。天南星科磨芋属多年生草本植物，中国古代又称妖芋。自古以来魔芋就有"去肠砂"之称。魔芋全株有毒，以块茎为最，不可生吃，需加工后方可食用。中毒后舌、喉灼热，痒痛，肿大。

魔芋豆腐

魔芋原产于亚洲中南半岛北部和云南南部北纬16°～24°，主要分布于亚洲和非洲的热带及亚热带的一些国家和地区，喜温暖湿润，不耐低温，15℃以下即停止生长（刘佩瑛，2004；牛义，2005）。中国早在两千多年前就开始栽培魔芋了，据《本草纲目》记载，2 000多年前祖先就用魔芋来治病。魔芋的食用历史也相当悠久。相传很久以前，四川峨眉山的道士用魔芋块茎淀粉生产雪魔芋豆腐，色棕黄，其形酷似多孔海绵，味道鲜美，饶有风味，为峨眉山一珍品。后来，魔芋从中国传到日本，深受日本人所喜爱，几乎每户每餐必食之，直到现在也仍然是日本民间最受欢迎的风雅食品，而且日本厚生省还明确规定中小学生配餐中必须有魔芋食品。日本已是世界上最大的魔芋食品消费国家。低纬度高海拔山区，属亚热带湿润季风气候，日照较少，雨量丰富，湿度较大，是魔芋栽培的最适宜地区。中国虽有2 000多年的民间栽种历史，但真正的魔芋精粉加工也只是20世纪80年代中期才开始的。魔芋也被联合国卫生组织确定为十大保健食品之一。

魔芋含淀粉35%，蛋白质3%，以及多种维生素和16种氨基酸，10种矿物质微量元素和丰富的食物纤维，对防治糖尿病、高血压有特效；魔芋低热、低脂、低糖，是预防和治疗结肠癌、乳腺癌、肥胖症人群的优良食品，还可以防治多种肠胃消化系统的常见慢性疾病。它还含有丰富的魔芋多糖（即葡甘露聚糖），尤其是白魔芋、花魔芋的某些品种魔芋多糖的含量高达50%～65%。

9. 雪莲果

雪莲果（*Smallanthus sonchifolius*），即神果之意，属菊科包果菊属多年生草本植物，故又称为菊薯。在中国四川被称作"万根苕"，别称雪莲薯、晶薯、菊薯、神果、地参果等。安地斯山脉的居民栽种这种植物做为根茎类蔬菜食用，菊薯的块根含有丰富的水分与果寡糖，尝起来既甜又脆，也可以当做水果食用。

雪莲果

有时候会将豆科的豆薯和同是菊科的菊芋（洋姜）误认为是菊薯，不过它们块根（茎）的形状完全不同，豆薯的块根为扁球形，形状似洋葱，菊芋的块茎短圆桶形，形状似芋头，而雪莲果的块根为长圆柱形，形状比较像萝卜。雪莲果的根部有两种形态的膨大物，一为用于繁殖的种薯（即块茎），其生长在接近地表的位置下，顶端会形成新的生长点，形状和菊芋的块茎很像；二为储藏根，可以生长得比较大且长，可以食用，储藏根中含有菊糖，菊糖是一种很难消化的糖类，这意味着菊薯的根吃起来虽然很甜，可是它所含的卡路里却是非常低的。

雪莲果对环境要求极为挑剔，需在热带无霜冻、昼夜温差大、云雾缭绕的高凉山上生长。特别适宜生长在海拔1 000~2 300米的沙质土壤上，喜光照，

雪莲果

喜欢湿润土壤。雪莲果可以帮助消化，调理和改善消化系统的不良状况；还能降低血糖、血脂和胆固醇，可预防和治疗高血压、糖尿病，对心脑血管疾病和肥胖症等也有一定疗效。

　　雪莲果含有大量水溶性纤维，果寡糖含量是干物质的60%～70%，还含有人体必需的氨基酸、钙、铁、锌等微量元素和丰富矿物质，属低热量食品，具有清凉退火、清血解毒的功效，生吃可祛除青春痘、便秘，消炎利尿、清肝解毒、养颜美容，适合糖尿病人和减肥者食用。若能在采摘后放两三天，可增加甜度，凸显其多汁多脆甜、肉质芳香的特色。

（二） 认识准薯类

　　除上述薯类品种外，莲藕、荸荠、菱角等常被称为"准薯类"。它们不属于薯类，但成分与薯类很接近。一方面，它们富含淀粉，具有粮食的特点，可以作为主食；另一方面，它们富含维生素C、β-胡萝卜素、钾（降血压）和膳食纤维（通便）等，具有蔬菜的营养价值。

1. 荸荠

　　荸荠因其形状酷似马蹄，又被称为"清水马蹄"。荸荠营养丰富，味甜多汁，口感甜脆，含有蛋白质、脂肪、粗纤维、胡萝卜素、维生素B、维生素C、铁、钙

荸荠

和碳水化合物。可以用来烹调，并可制淀粉。其中每100克荸荠含碳水化合物（主要是淀粉）14.2克，蛋白质1.2克，不溶性膳食纤维1.1克，胡萝卜素20毫克，维生素7毫克，钾306毫克。原产于印度，中国长江以南各省栽培普遍。安徽无为、广西桂林、浙江余杭、江苏高邮、福建福州、湖北汉口及当阳的双莲为著名产地。用球茎繁殖。

《中药大辞典》中记载，荸荠味甘性微寒，有温中益气，清热开胃，消食化痰的功效。因为荸荠中含有一种叫荸荠英的抗菌成分，因此对于对抗金黄色葡萄球菌、大肠杆菌、绿脓杆菌等具有抑制作用，是预防急性夏秋感冒、肠胃炎的佳品。另外，将荸荠去皮、清水煮熟，在汤中放入蜂蜜或者冰糖，对于缓解因扁桃腺发炎引起的喉咙疼痛有很好的功效。荸荠性寒，属于生冷食物，不适宜小儿及消化力弱、脾胃虚寒、大便溏泄、有血淤的人食用。另外，对老人虽有些好处，但多吃会气急攻心。

主要食用方法：

① 荸荠适合生吃，因为荸荠经过烹煮后，很容易造成营养元素的流失；在广大的南方水田地区所种植的荸荠，大部分是做水果直接生吃的，不过把泥土洗干净，稍加晾干后食用口感更佳。

荸荠怎么吃美味又健康
扫一扫，了解更多吃的科学

② 荸荠也可用于炒、烧或做馅心。如"荸荠炒虾仁""荸荠炒鸡丁"等。

③ 荸荠具有清热泻火的良好功效；应用于肺热咳嗽，痰浓难咳。荸荠汁1杯，川贝1.5克（研成粉），拌匀服，每天2~3次，既可清热生津，又可补充营养，最宜用于发烧病人。

④ 鲜甜可口，可作水果亦可作蔬菜，可制罐头，可作凉果蜜饯；既可生食，亦可熟食；荸荠色丽而形美故历代文人墨客为其绘画咏诗甚多。荸荠，不但营养丰富而且尚有极高的药用价值。

2. 菱角

菱角，菱属中的欧菱和细果野菱的别称，又名腰菱、水栗、菱实，味甘、凉、无毒，是一年生草本水生植物菱的果实，菱角皮脆肉美，蒸煮后剥壳食用，亦可熬粥食。其营养价值可以和坚果相媲美。菱角原生于欧洲，中国南方尤其以长江下游太湖地区和珠江三角洲栽培最多。长江中上游陕西南部，平原安徽、江苏、湖北、湖南、江西及浙江、福建、广东、台湾等省人工栽培。俄罗斯、日本、越南、老挝等也有栽培。每100克菱角含碳水化合物（主要是淀粉）21.4克，蛋白质4.5克，不溶性膳食纤维1.7克，胡萝卜素10毫克，维生素13毫克，钾437毫克。《本草纲目》中这样记载：菱角能消暑解热、除烦止渴、益气健脾、祛疾强身、强骨膝、健力益气，菱粉粥有益肠胃，可解内热。

菱角

一般人群均可食用。食用功效如下：

① 补脾益气健脾，强股膝、健力益气；

② 抗癌，菱实的醇浸水液对癌细胞的变性和组织增生均有抑制作用；

③ 减肥，菱角利尿、通乳、解酒毒，是减肥的辅助食品；

④ 缓解皮肤病，辅助治疗小儿头疮、头面黄水疮、皮肤赘疣等多种皮肤病。

3. 莲藕

莲藕，属莲科植物，又称藕，微甜而脆，生或熟食均可，亦可药用，是常用餐菜之一。形状肥大有节，内有管状小孔，分为红花藕、白花藕、麻花藕。红花藕瘦长，外皮褐黄色、粗糙，水分少，不脆嫩；白花藕肥大，外表细嫩光滑，呈银白色，肉质脆嫩多汁，甜味浓郁；麻花藕粉红色，外表粗糙，

莲藕

含淀粉多。每100克莲藕含碳水化合物（主要是淀粉）16.4克，蛋白质1.9克，不溶性膳食纤维1.2克，胡萝卜素20毫克，维生素44毫克，钾243毫克。在我国的江苏、浙江、湖北、山东、河南、河北、广东等地均有种植。

藕是药用价值相当高的植物，它的根叶、花须果实皆是宝，都可滋补入药。用藕制成粉，能消食止泻，开胃清热，滋补养性，预防内出血，是妇孺童妪、体弱多病者上好的流质食品和滋补佳珍。藕含丰富的维生素C及矿物质，具有药效，有益于心脏，有促进新陈代谢、防止皮肤粗糙的效果。药用价值如下：

①　清热凉血。莲藕生用性寒，有清热凉血作用，可用来治疗热性病症；莲藕味甘多液、对热病口渴、衄血、咯血、下血者尤为有益。

②　通便止泻，健脾开胃。莲藕中含有黏液蛋白和膳食纤维，能与人体内胆酸盐、食物中的胆固醇及甘油三酯结合，使其从粪便中排出，从而减少脂类的吸收。莲藕散发出一种独特清香，还含有鞣质，有一定健脾止泻作用，能增进食欲，促进消化，开胃健中，有益于胃纳不佳、食欲不振者恢复健康。

③　益血生肌。藕的营养价值很高，富含铁、钙等微量元素，植物蛋白质、维生素以及淀粉含量也很丰富，有明显的补益气血，增强人体免疫力作用。故中医称其："主补中养神，益气力。"

④　止血散淤。藕含有大量的单宁酸，有收缩血管作用，可用来止血。藕还能凉血、散血，中医认为其止血而不留淤，是热病血症的食疗佳品。

直播间：营养及加工、选购、储藏方法在线

（一） 营养在线

1. 马铃薯的营养价值

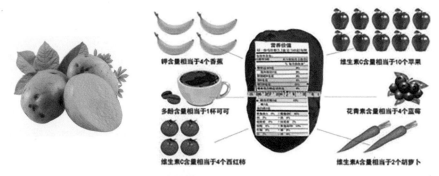

马玲薯块茎及其营养价值

马铃薯属块茎作物，它的块茎是一短而肥大的变态茎，是其在生长过程中积累并储备营养物质的仓库。马铃薯兼具粮食和蔬菜的双重特点，是农产品中不可多得的品种。马铃薯能成为世界性保健食品，不仅在于它广泛种植于世界各地、广泛用于食品工业，更重要的是它营养价值高、保健功能好、加工食品受人青睐。

马铃薯面包

从其化学组成中（表2）可以看出，马铃薯富含淀粉及多种营养成分，一般新鲜薯块中所含成分及含量为淀粉9%～20%，蛋白质1.5%～2.3%，脂肪0.1%～1.1%，粗纤维0.6%～0.8%。每100克马铃薯中所含热量66～113焦耳，钙11～60毫克，磷15～68毫克，铁0.4～4.8毫克，硫胺素0.03～0.07毫克，核黄素0.03～0.11毫克，烟酸0.4～1.1毫克。除此之外，马铃薯块茎中还含有禾谷类粮食所没有的胡萝卜素和抗坏血酸。从营养角度来看，它比大米、面粉具有更多的优点，能供给人体大量的热量，可以称为十全十美的食物。据报道，马铃薯可以帮助人体补充维生素A和维生素C，防止由于过多食用肉类而引起的食物酸碱度失衡，使人们远离坏情绪。

马铃薯块茎水分多、脂肪少、单位体积的热量相当低，所含的维生素C是苹果的10倍，B族维生素是苹果的4倍，各种矿物质是苹果的几倍至几十倍不等；每100克马铃薯中含钾高达300毫克，是20多种经常食用的蔬菜水果中含钾最多的。马铃薯也是降血压的食物，膳食中某种营养素过多或过少都会导致疾病，所以，调整膳食，是可以吃出健康的。马铃薯含有大量碳水化合物，既可作主食，又可作为蔬菜食用，或可做休闲食品如薯条、薯片等，也可用来制作淀粉、粉丝等，还可以用于酿酒或作为牲畜的饲料。

表2　马铃薯及其制品的营养成分（每100克含量）

成分名称	水分(%)	热量(千卡)	蛋白质(克)	脂肪(克)	碳水化合物（克）	粗纤维(克)	钙(毫克)	磷(毫克)
生马铃薯	79.8	76.0	2.1	0.1	17.1	0.5	7.0	53.0
烤马铃薯	75.1	93.0	2.6	0.1	21.7	0.6	9.0	65.0
煮马铃薯	79.1	76.0	2.1	0.1	17.1	0.5	7.0	53.0
牛奶马铃薯	82.9	65.0	2.1	0.7	13.0	0.4	24.0	49.0
马铃薯片	1.8	568.0	5.3	39.8	50.0	1.6	40.0	139.0

2. 番薯的营养价值

由于食品加工业以及发酵工业的发展，利用番薯作为原料的工业已遍及食品、化工、医疗、造纸等十余个工业门类，利用番薯制成的产品达400多种。以番薯为原料生产的酒精可作为石油的代用品，在巴西及菲律宾已被认为是能源作物，每吨薯干可生产酒精90千克。我国已成功试验将酒精按10%～15%的比例加入汽油中作为燃料，现有发动机不经过任何改装即可正常运行。以薯干为原料生产的果脯糖浆，可以在糕点中代替蔗糖，用此果脯糖浆制成的糕点，色、香、味均优于蔗糖，可防止食品干燥、变硬。在饮料中加入番薯果脯糖浆，还可避免因食用蔗糖而引起的血管硬化、身体发胖等。糖果及饮料中的柠檬酸也可以把薯干作为原料进行生产。用番薯渣制造的天然色素，可用于食品着色。味精的生产也可用薯干作原料，每吨薯干可生产味精150～200千克。薯干还可生产5-肌甘醇调味品、甘氨酸甜味剂、赖氨酸营养补充剂等产品。用薯干作原料生产的乳酸，可以广泛应用于食品、饮料、皮革等工业部门。

番薯块茎

番薯植株

番薯的薯块不是茎，而是由芽苗或茎蔓上生出来的不定根积累养分膨大而成，所以称之为"块根"。番薯块根由皮层、内皮层、维管束环、原生木质部和后生木质部组成。由于番薯品种、栽培条件和土壤情况等不同，其块根形状有纺锤形、椭圆形、圆筒形、球形、梨形等。有的番薯品种块根表面光滑平整，有的粗糙，也有的带深浅不一的数条纵沟。其形状大小和纵沟的深浅等均是番薯品种的重要标志。此外，番薯块根的皮层和薯肉的颜色亦是其品种的特征标志之一。番薯表皮有白、黄、红、黄褐等色，肉色有白、黄、红、黄橙、黄质紫斑、白质紫斑等（马代夫，2012）。

番薯等营养成分因为其所生长的土质、品种、生长周期和收获季节等不同而有很大的差异，一般番薯块根约含60%~80%的水分、10%~30%的淀粉、5%左右的糖分及少量的蛋白质、油脂、纤维素、半纤维素、果胶、灰分等（表3）。

表3　番薯的营养成分与大米、面粉的比较（每100克含量）

成分名称	水分(%)	热量(kcal)	蛋白质(g)	脂肪(g)	碳水化合物(g)	膳食纤维(g)	钙(mg)	磷(mg)
番薯	72.8	99.0	1.1	0.2	23.1	1.6	23.0	39.0
大米	12.7	343.4	11.2	1.5	73.6	2.1	31.0	188.0
煮马铃薯	13.7	347.0	7.4	0.8	77.9	0.4	13.0	110.0

注：面粉为普通小麦粉。

番薯中蛋白质氨基酸的组成与大米相似，其中必需氨基酸的含量高，特别是大米、面粉中比较稀缺的赖氨酸的含量丰富（表4）。维生素A、维生素B_1、维生素B_2、维生素C和尼克酸的含量都比其他粮食高，钙、磷、铁等无机物较多。番薯中尤其是以胡萝卜素和维生素C的含量最为丰富，这是其他粮食作物含量极少或几乎不含的营养素。所以甘薯若与米、面混食，可提高主食的营养价值。此外，番薯还是一种生理性碱性食品，人体摄食厚，能中和肉、蛋、米、面产生的酸性物质，故可调节人体的酸碱平衡。

番薯不但营养价值高，还具有很高的药用价值。中医认为，番薯性甘、平、无毒，功效：补脾胃、养心神、益气力、通乳汁、消疮肿；番薯中维生素A丰富，可治疗夜盲。李时珍《本草纲目》中记载，番薯补虚乏、益气力、健脾胃、强肾阴。

表4 番薯、大米、面粉所含必需氨基酸

氨基酸	色氨酸	苯丙氨酸	赖氨酸	苏氨酸	蛋氨酸	亮氨酸	异亮氨酸
番薯	1.41	5.20	6.17	5.65	1.41	7.90	3.58
面粉	0.8	5.5	1.9	2.7	3.0	12.0	3.7
大米	1.3	6.3	3.2	3.9	3.4	7.7	5.1

据分析，番薯蛋白质的含量超过大米7倍；胡萝卜素的含量是胡萝卜的3.5倍；维生素A的含量是马铃薯的100倍；钙和维生素B_1、维生素B_2的含量皆高出大米和面粉。富含的这些物质对促进人的脑细胞和分泌激素的活性，增强人体抗病能力，提高免疫功能，延缓智力衰退和机体衰老起着重要作用。番薯富含多种维生素，中医学认为番薯是一种利水、健脾的减肥食品。紫薯含有大量花青素，营养更胜一筹。

紫薯，旋花科，属番薯属，又叫黑薯，薯肉呈紫色至深紫色。紫薯营养丰富，富含蛋白质、淀粉、果胶、纤维素、氨基酸、维生素及多种矿物质，同时还富含硒元素和花青素。紫薯营养丰富具特殊保健功能，其中的蛋白质氨基酸都是极易被人体消化和吸收的。其中富含的维生素A可以改善视力和皮肤的黏膜上皮细胞，维生素C可使胶元蛋白正常合成，防治坏血病的发生。紫薯除了具有普通番薯的营养成分外，还富含硒元素和花青素，花青素对100多种疾病有预防和治疗作用。

番薯全粉除含有与谷物粉相同水准的营养外，还含有大量的膳食纤维，且脂肪含量极低，不含胆固醇和饱和脂肪酸，食用方便，易于消化吸收，经营养强化后的复配番薯全粉是全价营养食品（周虹，2006）。

其中较为重要的营养物质有以下几种：

(1) 胡萝卜素

维生素A素有"护眼小卫士"之称，维生素A是由胡萝卜素转变而成的。红薯中富含丰富的胡萝卜素，能提供丰富的维生素A，每100克鲜白地瓜中含量可高达40毫克，胡萝卜素被人体吸收后，可以转化为维生素A。维生素A能维持正常的视觉功能。

(2) 食用纤维

番薯所含纤维相当于米面的10倍，其质地细腻，不伤肠胃，能加快消化道蠕动，有助于排便，清理消化道，缩短食物中有毒物质在肠道内的滞留时间，减少因便秘而引起的人体自身中毒，降低肠道致癌物质浓度，预防痔疮和大肠癌。同时纤维素能吸收一部分葡萄糖，使血液中含糖量减少，有助于预防糖尿病（周玲，1998）。

(3) 多糖和蛋白

番薯含有丰富的黏液蛋白，这是一种多糖与蛋白质混合物，对人体有特殊的保护作用，能保持消化道、呼吸道、关节腔、膜腔的润滑和血管的弹性，这种混合物可防止物质在动脉管壁上沉积而引起的动脉硬化，可以防止肝及肾脏等器官结缔组织的萎缩，可以减缓人体器官的老化，提高肌体免疫力。番薯还含有糖蛋白，具有很好的抗突变、降血脂和增强免疫力的作用。

(4) 钾

番薯含钾量高，它可以减轻因过分摄取盐分而带来的弊端。钾还是保护心脏的重要因素。由于钾是碱性元素，番薯的pH为10.31，是生理碱性食品，有中和体液的作用。适当食用番薯，有利于保持血液的酸碱平衡，对人们的健康、发育和智力开发都有益处。

(5) 抗癌物质

番薯中有一种叫"去氧表雄酮"的生理活性物质，可以预防结肠癌和乳腺癌，对脑细胞和内分泌腺素的活力有很大的促进作用，故能延缓智力衰退和增加人体的抵抗力。番薯中还含有较多的的胡萝卜素、赖氨酸、植物纤维、去氢表雄酮，这些营养物质能预防肠癌和乳腺癌。

3. 木薯的营养价值

木薯块根是最主要的营养部位，块根呈圆筒形，不同品种，其块根数量及粗细差异很大，一般根长30~120厘米，直径4~8厘米，重1~8千克。木薯的块根可以分为表皮、皮层、肉质和薯心四部分。块根的营养成分见表5（唐德富，2014）。

蛋黄木薯

面包木薯

表5　木薯块根的营养成分

品种	水分%	灰分%	粗脂肪%	粗蛋白%	粗纤维%	淀粉及非氮可溶物%
新鲜木薯	64.6	0.67	0.25	1.07	1.11	32.27
干木薯	13.73	2.46	0.82	2.56	3.20	76.82

（1）淀粉

木薯块根中淀粉含量最多，几乎占鲜薯重量的32%～35%，干木薯重量的70%。淀粉是木薯块根中的主要碳水化合物，是重要的能源物质，其产能约为250千卡，优于玉米、大米、豆类和小麦。另外，木薯淀粉具有非淀粉杂质含量低（木薯淀粉含蛋白质为0.1%，玉米淀粉为0.35%）、糊化温度低（木薯淀粉52～64℃，玉米淀粉62～72℃）、黏度高、糊液稳定透明、成膜性好、渗透性强等优良理化特性和加工特性。

木薯在生长过程中块根中淀粉的含量也是变化的，不同生长期的木薯淀粉含量不同，如四个木薯品种（SC201、SC205、GR891和GR911）生育期块根中直链淀粉与支链淀粉含量的动态变化，不同的木薯淀粉在不同生长期其直链淀粉与支链淀粉的比例是不断变化的，淀粉积累的变化趋势相同，其含量水平具有明显差异，但在12月其比例已非常接近（吴家林，2015）。其中直链淀粉约占17%、支链淀粉占83%。

木薯块根中除淀粉外还含有少许蔗糖、葡萄糖、果糖、麦芽糖。而甜木薯中约含17%的蔗糖及少量葡萄糖、果糖。鲜木薯中含有的碳水化合物较马铃薯多，而比小麦、大米、黄玉米和豆类少（Banito，2002；Otalvaro，2008）。

（2）蛋白质

木薯块根中蛋白质含量低，鲜木薯中蛋白质含量为0.4%～1.5%，干木薯中为1%～3%。这些蛋白质中富含精氨酸、谷氨酸和天门冬氨酸，而人体必需的氨基酸如蛋氨酸、半胱氨酸和色氨酸则含量较少，木薯块根中的粗蛋白50%是完整蛋白质，另50%是游离氨基酸（谷氨酸、天门冬氨酸）和非蛋白组分，如亚硝酸盐、硝酸盐、氰化物。非蛋白组分对人体不利，氰化物主要在苦木薯中，且可通过一些方法除去。

由于木薯块根中蛋白质含量较低，而人类及动物对蛋白质有一定质量和数量的需求，因此，可依据木薯块根中各种氨基酸的含量，在实际应用加工和食用时根据需要添加适量蛋白质或氨基酸，以提高食物的营养性，满足人体营养需求。

（3）纤维素

木薯块根中纤维素含量因木薯品种和生长期不同而不同。一般它的含量在鲜薯中不超过1.5%，在干薯中不超过4%。适量的膳食纤维对人体的健康十分有利，可改变肠道中的菌落组成，预防肠胃疾病，具有降血压、降血脂等保健功效，是继糖类、蛋白质、脂肪、水、矿物质和维生素之后的"第七大营养素"。

（4）脂肪

脂肪也是一种能量来源，木薯块根中脂肪含量约在0.1%～0.3%（以鲜薯计），与玉米和大豆相比，脂肪含量较低。块根中的脂质主要是非极性和糖脂，糖脂主要是半乳糖甘油二酯，脂肪酸主要是棕榈酸和油酸。我国营养学会建议膳食脂肪供给量不宜超过总能量的30%，但是适量的脂肪也有益于人体的健康，如促进脂溶性维生素的吸收等（Kakes，1994）。

(5) 矿物质和维生素

矿物质和维生素也是人体必需的营养成分。木薯根中含有丰富的钙、铁、钾、镁、铜、锌和锰，含量可与除大豆外的其他豆类相媲美。此外，木薯块根中也含有多种维生素，其中维生素C含量较高，而B族维生素（硫氨酸、核黄素、烟酸）较少，部分会在加工过程中损失（高超，2011）。

4. 山药的营养价值

山药，人类自古食用，是人类食用最早的植物之一。早在唐朝诗圣杜甫的诗中就有"充肠多薯蓣"的名句。李时珍在《本草纲目》中将其功用概括为："益肾气，健脾胃，止泄痢，化痰生，润皮毛。"用于治疗脾虚食少、久泻不止、肺虚喘咳、慢性肾炎、肾虚遗精、糖尿病等病症。其块茎富含淀粉、糖、蛋白质、维生素、氨基酸、矿物质等多种营养成分，具有很强的健脾、益肾、养肺之功效，是一种兼具菜、药两用的上等佳品，素有"江南人参"之誉。近年来，山药作为保健功能食品享誉国内外，我国已将山药列入药食两用植物名录。山药活性成分及药理研究引起医药及食品行业科研人员的高度关注。瑞昌山药适用性强，丰产性好，耐贮耐运，

山药

山药植株

久煮不糊，风味独特。山药是瑞昌重要物产和药材之一，早在明朝隆庆年间《瑞昌县志》中即有记载（方宪生，2012）。

每100克山药含水分75克左右，碳水化合物14.4～19.9克、蛋白质1.5～2.2克、脂肪0.1～0.2克、薯蓣皂苷50微克及B族维生素、维生素C、维生素E，碳水化合物以淀粉为主。山药中的黏性物质由甘露聚糖与球蛋白结合而成的黏蛋白。黏蛋白可降低血液胆固醇，预防心血管系统的脂质沉积，有利于防止动脉硬化。此外，山药对于糖尿病有辅助疗效，除了易产生饱腹感，有利于控制食量外，黏液中的甘露聚糖还有改善糖代谢，提高胰岛素敏感性的功用。含有薯蓣皂，能促进内分泌荷尔蒙的合成，能促进皮肤表皮细胞的新陈代谢，提升肌肤的保湿功能，改善体质。山药中的精品铁棍山药，当地人给它取名"天然补肾王"。因它属温、凉补，有补脾气、益胃等作用，更是滋阴补虚保健食品。人类所需的18种氨基酸中，山药中含有16种。薯蓣的部分营养含量见表6（石翠梅，2012）。

表6　薯蓣营养含量表

成分	水分	蛋白质	脂肪	膳食纤维	碳水化合物	灰分
含量（克）	84.8	1.9	0.2	0.8	11.6	0.7
成分	胡萝卜素	硫胺素	核黄素	抗坏血酸	尼克酸	维生素E
含量（克）	0.02	0.05	0.02	0.5	0.3	0.24

山药最大的特点是含大量的黏蛋白，这是一种多糖蛋白质的混合物，对人体有特殊的保健作用，能防止脂肪沉积在心血管上，保持血管的弹性，阻止动脉粥样硬化的过早发生。山药中黏液所特有的黏稠质地可以对胃壁形成一层保护，减轻胃黏膜的压力。山药中含有麻醉作用的尿囊素，可以促进上皮组织生长，从而起到消炎、抑菌的效果，用于辅助治疗手足皲裂、鱼鳞病等（何焱，2013）。

5. 芋头的营养价值

芋头中的基本营养成分及其他主要的成分可见表7和表8，除水分外，淀粉含量最高。每百克芋中淀粉含量可达70~80克，且淀粉颗粒小至约为1~4微米（Sefa-Dedeh，2004）。国内外学者对芋头中淀粉含量的测定结果均表明淀粉在芋头中含量较高，而其含量多少的差异很可能是芋的产地、品种、处理方法的不同造成的。总的来说，芋头由于其高淀粉含量且颗粒细腻，在煮熟后，口感粉滑、细腻，无论作为蔬菜还是杂粮，都受到大家普遍的喜爱（葛山，2005）。

芋头果实

芋头植株

奉化芋艿头中的粗蛋白含量为14.1%，氨基酸种类丰富，高达18种，包含了人体必需的8种氨基酸，包括色氨酸这种在谷物中没有的必需氨基酸（宋春凤，2004），总量为11.2%（司徒立友，2006）。奉化红芋艿中11种氨基酸的含量超过0.5%，如丝氨酸、甘氨酸、丙氨酸、缬氨酸、酪氨酸、苯丙氨酸、脯氨酸等。含量较高的天门冬氨酸1.445%，谷氨酸1.101%，亮氨酸0.943%，精氨酸0.772%，另外还含有苏氨酸、异亮氨酸、赖氨酸、组氨酸、蛋氨酸、胱氨酸、谷氨酸等（郎进宝，2005）。

芋头中的膳食纤维含量高（Sefadedeh，2002）、脂肪含量低，是一种热量低的食物（罗秉伦，1990），因此适合血脂高以及减肥的人群食用。芋头中主要的无机元素种类达19种，且含量大小的顺序为K>Ca>P>Fe>Mg>Na>Cu，但由于芋头品种的不同、种植环境的不同会造成矿物质元素含量的差异。

由于脂肪含量较低，芋头的热量仅为大米和小麦的1/4，因此减肥人群可以用芋头替代部分主食。芋头富含膳食纤维能够润肠通便，对辅助治疗大便干燥硬结有一定的作用，减少患直肠癌的概率（蒋高松，1998），且能不同程度地增强细胞免疫和体液免疫的功能（赵国华，2002）。此外，它还具有很高的药用价值，芋叶、叶柄、花和块茎均可入药，所有部位均可加以利用，有宽肠胃、补脾胃、破血散结等功效（李雅臣，1996）。

表7 芋头的基本营养成分

成分	水分	碳水化合物	蛋白质	粗纤维	粗脂肪	灰分
含量（克/100克）	78.6	9.0	2.2	1.0	0.2	0.9

表8 芋头的部分主要营养成分

成分	含量（毫克/100克）
K	378
Na	33.1
Mg	23
Ca	36
Zn	0.49
Fe	1.0
Cu	0.37
P	55
Mn	0.30
硫胺素	0.06
核黄素	0.05
尼克酸	0.7
维生素C	6

6. 豆薯的营养价值

　　豆薯肉质根中含有多种人体所必需的钙、铁、锌、铜、磷等多种元素，其中蛋白质、脂肪、糖分、钙、磷、铁及无机物的含量比其他叶菜类都高。余庆豆薯品系肉质根营养物质比西瓜平均值含镁高72.50%～111.25%、磷高34.44%～68.69%、钙高11.12%～61.25%、碳水化合物高16.00%～35.63%，蛋白质、膳食纤维、核黄素和尼克酸与之相当。每百克含铜0.046～0.059毫克。据《陆川本草》（陆川县中医研究所1959编印）和《四川中药志》有关豆薯记载：生啖或煮食，具有生津止渴、治热病口渴功效；用地瓜拌白糖食用，可以治慢性酒精中毒。宜伤暑者，风热感冒、发热头痛、口肝作渴者，血压升高、头昏脑涨、面红目赤、大便干燥者，饮酒过量、烦燥口渴或慢性酒精中毒者食。豆薯肉质根榨汁饮用可降压降脂，防止动脉粥样硬化（曾映霞，2010）。

豆薯块根

豆薯植株

　　各组分含量见表9。

表9　豆薯的营养成分（每100克）

成分名称	含量	成分名称	含量	成分名称	含量
可食部（克）	91	水分（克）	85.2	热量（千卡）	55
能量（千焦）	230	蛋白质（克）	0.9	脂肪（克）	0.1
碳水化合物（克）	13.4	膳食纤维（克）	0.8	胆固醇（毫克）	0
灰分（克）	0.4	维生素A（毫克）	0	胡萝卜素（毫克）	0
视黄醇（毫克）	0	硫胺素（毫克）	0.03	核黄素（毫克）	0.03
尼克酸（毫克）	0.3	维生素C（毫克）	13	维生素E（毫克）	0.86
α−E	0.32	（β−α）−E	0.45	δ−E	0.09
钙（毫克）	21	磷（毫克）	24	钾（毫克）	11
钠（毫克）	5.5	镁（毫克）	14	铁（毫克）	0.6
锌（毫克）	0.23	硒（毫克）	0.16	铜（毫克）	0.07
锰（毫克）	0.11	碘（毫克）	0		

7. 洋姜的营养价值

洋姜食用部分为块茎，而不是果实，其块茎纺锤形或呈不规则瘤形，大小不一，颜色有红、白、黄、紫等。大块茎有8厘米×5厘米，一般个体块茎重50~70克，大的重达250~350克，每株有块茎50~60个。大块茎长有小块茎，形似生姜，经加工腌渍，可食率100%，鲜洋姜的营养成分丰富见表10，富含菊糖、多缩戊糖、淀粉等有效物质。

表10 洋姜的营养成分列表（每100克可食部分）

成分名称	含量	成分名称	含量	成分名称	含量
可食部分（克）	100	水分（克）	80.8	能量（千卡）	56
能量（千焦）	234	蛋白质（克）	2.4	脂肪（克）	0
碳水化合物（克）	15.8	膳食纤维（克）	4.3	胆固醇（毫克）	0
灰分（克）	1	维生素A（毫克）	0	胡萝卜素（毫克）	0
视黄醇（毫克）	0	硫胺素（微克）	0.01	核黄素（毫克）	0.1
尼克酸（毫克）	1.4	维生素B（毫克）	5	维生素E（毫克）	0.88
α−E	0	（β−γ）−E	0	δ−E	0
钙（毫克）	23	磷（毫克）	27	钾（毫克）	458
钠（毫克）	11.5	镁（毫克）	24	铁（毫克）	7.2
锌（毫克）	0.34	硒（微克）	1.31	铜（毫克）	0.19
锰（毫克）	0.21	碘（毫克）	0		

我国传统中医认为，洋姜有"性味甘平，具有和中益胃，利水去湿，清热解毒"之功效。洋姜具有营养成分丰富、功效好的特性。当前其主要价值是用于生产绿色食品和药用原料，如菊糖粉等。洋姜块茎中富含菊糖和寡果糖（占块茎干重的80%以上），菊糖作为一种功能性食品原料，具有膳食纤维和双歧因子益生元的双重功效（苗晓洁，2006）。

8. 魔芋的营养价值

　　魔芋营养价值很高（表11至表12），淀粉含量高达35%，其次是蛋白质，含量约为3%；同时含有维生素和矿物质元素，如钾、磷、硒等；最重要的是魔芋多糖，含量高达45%以上，具有低卡路里、低脂和高纤维素的特点。魔芋精粉的热量值只有37千卡，是水稻、玉米等常见粮

魔芋块茎

食作物的1/9。魔芋精粉中纤维含量是所有植物类食品的第一，高达74.4%。食物维生素是世界公认的第七营养素，是一种"非淀粉多糖"物质。

魔芋植株

扁球形魔芋块茎

表11 魔芋的化学成分

成分	含量/%
魔芋葡甘聚糖	44~64
淀粉	20~30
纤维素	2~5
粗脂肪	5~10
可溶性糖	3~5
矿物元素	3~5

表12 不同种魔芋地下球茎的营养成分

品种	粗蛋白(%)	氨基酸(%)	粗脂肪(%)
白魔芋	11.10c	1.25	0.14
花魔芋	5.34	1.19	0.65
球芽魔芋	9.44	0.84	0.31

表13 魔芋粉的营养成分及含量(每100克)

营养成分	含量	营养成分	含量
能量(千卡)	331	灰分(克)	4.1
水分(克)	10.8	硫胺素(毫克)	0.02
蛋白质(克)	3.4	钾(毫克)	290
碳水化合物(克)	16.3	钙(毫克)	34
核黄素(毫克)	0.7	铁(毫克)	1.2
钠(毫克)	42	锌(毫克)	3.14
镁(毫克)	71	磷(微克)	280
锰(毫克)	0.65	硒(微克)	363.3
铜(毫克)	0.14	膳食纤维(克)	65.4

近年来，魔芋食品风靡全球，不仅因为它味道鲜美，更重要的是魔芋具有较高的医学价值。《本草纲目》中记载，"蒟，主治痈肿风毒，摩傅肿上。捣碎，以灰汁煮成饼，五味调食，主消喝。"这句话的意思是魔芋摩敷在肿胀的部位可治疗痈肿风毒。把魔芋捣碎，以草木灰淋的水煮后做成饼状食品，再用五香调味品调食，可以治疗糖尿病。在20世纪50年代，中国的《全国中草药汇编》中记载，魔芋具有治疗肺痨、积滞、闭经、无名肿毒、流火、颈淋巴结核、癌肿、红斑性狼疮及外敷治疗虫蛇咬伤等病症。

9. 雪莲果的营养价值

雪莲果

　　雪莲果具有特殊的药用保健功能，可清理肠胃、清肝解毒、排毒通便、养颜美容，并有降血脂、降血糖、抑菌和促进铁吸收等药理作用，是世界无公害纯天然第三代新型高档"水果"。雪莲果块根中的主要营养成分如表14。

表14　雪莲果中的主要营养成分

部位	水分	灰分	粗脂肪	粗蛋白	总糖
块根	87.26	4.92	1.60	5.55	73.20

注：水分指的是鲜重含量。

各生长形态的雪莲果

（二）　加工知识在线

1．马铃薯的加工知识

（1）加工基础知识

马铃薯食品的加工，主要包括马铃薯速冻薯条加工、净鲜马铃薯加工、马铃薯全粉加工、马铃薯油炸薯片加工、去皮马铃薯加工、薯饼加工、薯泥加工、速溶早餐薯粉加工和非油炸速冻马铃薯加工等，在这些产品的加工中，有部分技术为马铃薯食品的共同加工技术。

马铃薯速冻薯条

马铃薯油炸薯片

（2）家庭常见加工方法

根据马铃薯制品的工艺特点和使用目的，常见家庭加工方法可分为四大类：第一类是干制品，如马铃薯泥、干制马铃薯、干制马铃薯半成品；第二类是冷冻制品，属非长期贮存制品（3个月），如马铃薯丸子、马铃薯饼和马铃薯条等；第三类是油炸制品，是短期贮存制品（不超过3个月），如油炸马铃薯片、酥脆马铃薯等；第四类是在公共饮食服务业中用的马铃薯配菜，如利用粉状马铃薯制品作馅的填充料，利用粒和片来生产肉卷、饺子、馅饼等配菜。

①马铃薯果脯制作方法。选料，挑选饱满光滑、大小一致、无病虫害的马铃薯。制坯，用清水洗净土豆上的泥土，去掉外皮，再次清洗干净，然后按需要加工成各种形状，以增加制品的美观。硬化，将土豆坯放入容器内，倒入5%～10%的石灰水，浸泡16小时后取出，用清水漂洗4次，每次2小时，以便洗去多余的石灰硬化剂。煮坯，将用石灰水硬化的土豆坯放入开水锅中，煮20分钟后捞起，在清水中漂洗2次，每次2小时，然后，再

放入开水锅中煮10分钟，随后捞起，用清水冲洗1小时。糖渍，将煮热的土豆坯放入缸中，注入浓糖液（浓糖液的多少以土豆坯能在其中稍稍活动为宜）。浸渍时间为6小时，在4小时后，应将土豆坯上下活动1次。糖煮，需煮两次。第一次将土豆坯和浓糖液一起放入锅中，煮沸10分钟，使糖液达104℃，然后，蜜制16小时；第二次煮30分钟，使糖液达108℃，蜜制成半成品。糖衣，将蜜制成半成品的土豆坯和糖液再煮30分钟，使糖液达112℃，然后，起锅滤干，凉至60℃，即可上糖衣，以坯粘满糖为宜，不可过多或过少。最后干制，即为成品。

②马铃薯香肠制作方法。日本发明用马铃薯为主要原料研制成马铃薯香肠。其配方为：马铃薯70%，葱姜调味品5%，大豆粉5%，植物油和动物油各2.5%，淀粉凝固剂14.5%，保存剂0.5%。制作工艺是：将土豆洗净切碎成颗粒状，经过10分钟蒸煮后加入凝固剂，然后把油、大豆粉和调味品拌入搅匀，充填到预先制好的肠衣中，灌制好后一次加热灭菌，晾干至半干即成，食用时进行蒸煮，风味独特。

2. 番薯的加工知识

(1) 加工基础知识

淀粉加工型：主要是高淀粉含量的品种，如徐薯18、徐22、梅营一号等；

食用型：主要有苏薯8号、北京553、广薯紫1号等；

兼用型：既可加工又可食用的，如豫薯12号、广薯87；

菜用型：主要是食用番薯的茎叶，如福薯7-6、广菜2号、台农71等；

色素加工：主要是紫薯，如济薯18；

饮料型：这些番薯含糖高，主要用于饮料加工用；

饲料加工型：这类番薯茎蔓生长旺。

（2）家庭常见加工方法

番薯生食脆甜，可代替水果；熟食甘软，吃在嘴里，甜在心头。在家庭常见加工方法中，它既可作主食，又可当蔬菜。蒸、煮、煎、炸，吃法众多，一经巧手烹饪，也能成为席上佳肴。番薯蒸熟捣烂碾成泥与面粉掺合后，可作各类糕、包、饺、面条等。干制成粉，加蛋类可制蛋糕、布丁等点心。红薯酿酒、制果脯、粉丝等，亦饶有风味。

3．木薯的加工知识

（1）加工基础知识

随着工业、农业迅速发展和科学技术进步，中国木薯产品加工技术不断革新和提升，根据种类可分4类：

①木薯切块。木薯先切片，经日晒干燥而来。泰国出口商指定的产品规格：水分<14%，纤维<6%，灰分<5%，淀粉>70%，长度4～5厘米。

②木薯碎块。成分，生产方式同上，但更厚更长，长度约为12～15厘米。

③木薯粒。木薯制粒，直径约为1厘米左右，长度2厘米，制粒温度一般为80℃左右，有时为了降低粉尘，制粒后可以喷涂油脂，品质更佳。泰国出口商制定的规格为：水分<13%，纤维<5%，淀粉<65%，含粉率<20%，硬度>14千克。

④木薯粉。多为制造切块或者碎块的残留物，亦有制造木薯淀粉后的残渣干燥而成，含淀粉55%～60%，品质比前述产品差很多。

（2）家庭常见加工方法

木薯的家庭常见加工方法分为以下两类：第一类烘烤或煮，首先应该把木薯剥皮并切成片，然后再通过烘烤或煮等方法烹制，经过这样加工后的木薯是可以放心食用的；第二类直接食用，甜品中其块根可直接熟煮食用，可制作罐头，亦可制作糕点、饼干、粉丝、虾片等食品，其叶片还可作蔬菜食用。

4．山药的加工知识

(1) 加工基础知识

山药中含有许多重要成分，特别是药用成分，如山药素、尿囊素、盐酸多巴胺、植酸，且富含多种氨基酸、多糖，其中多糖提取工艺路线一般采用以下方法：山药预处理→浸泡→加酶水解→热水回流→冷却→离心→过滤→滤渣重提→滤液合并→真空浓缩→干燥→多糖产物（张莹，2011；孙永梅，2016）。

(2) 家庭常见加工方法

山药营养丰富，自古以来就被视为物美价廉的补虚佳品，既可做主粮，又可做蔬菜，还可以蘸糖做成小吃。

5．芋头的加工知识

(1) 加工基础知识

在我国，芋头资源丰富，但加工程度不及山药、甘蔗、马铃薯等，有进一步开发的价值。芋头加工的食品在国内外概括起来可以分为冷冻食品（如速冻芋头）、油炸制品（如油炸芋头片、芋头条等）、脱水制品（如芋头泥、芋头粉、芋头片等）和膨化食品四大类。近年来，随着农产品加工的快速发展，世界范围内芋头产量的显著增加，芋头的深加工研究也越来越受到关注（王迪轩，2008）。

（2）家庭常见加工方法

芋头是高纤低脂的保健佳品，而且口感可咸可甜，软酥糯滑。芋头可以通过蒸、煮、煎、炸、烤等不同方法加工成多种美食菜肴。

6. 豆薯的加工知识

（1）加工基础知识

在豆薯的丰收季节，可以在菜市场等地随处可见贩卖豆薯的，但是大部分购买食用豆薯的人，都是把豆薯作为水果食用。由于目前对于豆薯的高附加值的深加工研究并不多，所以豆薯的商业化前景渺茫。另一方面，豆薯不易储藏的特点也使农民朋友损失严重，出现了丰产却不丰收的尴尬局面。因此对豆薯进行深加工的研究很有必要。

（2）家庭常见加工方法

目前主要加工方法有以下几种：

豆薯可做成果蔬汁饮料。豆薯的香气独特，多汁，可制成具有良好风味的饮料。主要工艺为：首先进行热烫去皮，用榨汁机对其榨汁。然后把豆薯汁预煮，来达到沉降胶体、杀菌、去除豆薯的生味、提高豆薯汁的透明度等作用。后经过调配、均质、杀菌等工序即可完成（麻成金，1994）。豆薯原汁饮料的主要特点是其具有特殊风味，酸甜可口，口感清新凉爽。也有研究人员把其他果蔬汁添加到豆薯汁做成混合果汁，混合果蔬汁既克服了果汁口味单一的不足，又保持了纯天然性和丰富的营养性，很受广大消费者的喜爱，具有很好的市场前景（麻成金，1996）。

豆薯可做成果脯。果脯也称作蜜饯，是由新鲜水果经过去皮，利用糖水煮制，再经过烘干制作而成的食品。果脯具有悠久的历史，是我国传统特色食品。传统的果脯一般具有60%~70%的含量糖，而过多的食用高糖食品有可能会增加糖尿病等一系列病症，而用豆薯做成可制成低糖果脯，最大限度地保留了豆薯的营养品质和风味。

豆薯可做成淀粉。淀粉按来源的不同可以分为地上淀粉和地下淀粉两种。地上淀粉包括来源于玉米、小麦等的禾谷类淀粉；地下淀粉是指来源于马铃薯、木薯等薯类的淀粉。而豆薯淀粉含量高，可作为提取豆薯淀粉、开发淀粉的新来源。

家庭常见加工方法为生食或炒食。

7. 洋姜的加工知识

(1) 加工基础知识

洋姜是富有开发潜力的一种宝贵资源，可广泛用于食品、医药、保健品、饮料等行业。洋姜在初级加工方面，基本上只是用于腌制咸菜；在深加工方面，自20世纪90年代以来，有不少人进行了用洋姜生产姜糖、高果糖浆的研究。

(2) 家庭常见加工方法

洋姜块茎可用于加工成腌制洋姜、洋姜膨化脆片、洋姜干、洋姜蜜饯、洋姜果酱、浓缩洋姜汁等。目前洋姜仍被广泛用于腌制成咸菜，洋姜经加工腌制，可食率100%，腌制品具有清脆爽口、香、甜、嫩的特点。由于生

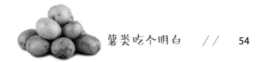

产成本低、工艺简单，腌制洋姜多为家庭或中小企业生产。

8. 魔芋的加工知识

(1) 加工基础知识

我国魔芋资源极其丰富，要把这个资源优势转化为产品优势和经济优势，必须采用先进的科学手段，匹配先进的工艺技术和加工设备，才能生产出达到标准的优质产品，才能满足国内外市场和外贸出口的要求。随着魔芋科学的进步，魔芋加工技术及设备发展较快，并取得了一系列的成果，有些已用于生产并产生了较好的经济效益和社会效益。

(2) 家庭常见加工方法

魔芋传统的吃法是做成魔芋豆腐。现在在日本、韩国的杂货店中就有魔芋粉出售，一般一袋魔芋配一袋石灰，由家庭主妇在家中制作魔芋豆腐，作为家庭常规菜肴食用。

9. 雪莲果的加工知识

(1) 加工基础知识

因雪莲果鲜果具有不耐储存、运输和食用不方便等特点，导致旺季时出现大量的积压，价格低廉，甚至烂市的情形。为进一步扩大受益人群，开展雪莲果系列产品的加工研究就显得十分必要。

(2) 家庭常见加工方法

目前，雪莲果加工方法主要有以下几种：

雪莲果可做鲜切片。鲜切果蔬是一种新型的果蔬加工产品,凭借其新鲜、营养、食用方便、可食用率高的优点,在欧美、日本等国家倍受青睐(黄雪松,2006)。近年来,鲜切果蔬在我国也受到越来越多的关注。而雪莲果作为一种保健型水果,又兼有水分含量大且不耐贮存的特性,其鲜切产品的加工也成为热点。

雪莲果可做果脯。该果脯为黄色,接近雪莲果原色;质地柔软、富有弹性、组织较饱满、无杂质;口感具有雪莲果特有的风味、甜酸比协调、无不良风味。雪莲果果脯的品质较好。

雪莲果可做果酒。该果酒为橘黄色、透明清亮、光泽度好、醇厚丰满、柔和怡人,为营养丰富、典型性突出的低度果酒。雪莲果清爽型果露黄酒是以雪莲果和双粮为主要原料,在嘉兴喂饭黄酒传统发酵的工艺基础上,以制淋饭酒母、米曲、复合酶为糖化剂,共同参与糖化发酵并在压榨分离清酒中加入益生元低聚异麦芽糖,得到浅琥珀色、清亮透明有光泽、营养丰富、风味独特、保健功能较好的低度原汁清爽型果露黄酒(汪建国,2008)。

雪莲果可做果醋。雪莲果果醋清澈透明,呈淡绿色,含有丰富的低聚果糖、维生素C及各种人体必需的矿物质,可用于配制营养丰富的保健醋饮料,是具有市场开发潜力的新产品,利用雪莲果制备果醋,也将大大提高雪莲果种植的经济效益。

雪莲果

　　雪莲果可做发酵乳。雪莲果发酵乳是将雪莲果的生理活性与发酵乳的保健功能进行有机结合，集二者的生理活性和保健功能于一体，开发出的一种新型复合健康食品，既保持传统型发酵乳的组织状态、风味和营养价值，又补充适量的膳食纤维，降低脂肪含量，具有营养保健作用，同时也有很好的实用性与开发价值，为开发雪莲果资源提供新的途径（杜秀虹，2009；罗水忠，2009；陈玮，2009）。

　　雪莲果可做冰淇淋。雪莲果冰淇淋是以雪莲果为原料，制取雪莲果浆汁后，配以其他辅料研制成的具有保健功能的冰淇淋。雪莲果产地多、产量大，以其为原料制作冰淇淋，成本比普通奶油冰淇淋低，而且具保健功能，能变原料优势为产品优势，有很好的开发价值。

　　雪莲果可做果粉。以雪莲果原料，比较了自然干燥、微波干燥、真空干燥和热风干燥四种不同干燥方法所制得的雪莲果果粉。结果表明，热风干燥的雪莲果果粉其粉体颜色呈浅黄绿色，有香气，酸甜适宜，粉体手感比较细腻，较好地保持了雪莲果的化学成分（吴兵，2008）。

　　雪莲果可做保健饼。通过雪莲果为原料制取雪莲果果粉，再配以其他辅料研制成具有保健功能的酥饼（华景清，2009）。

　　雪莲果可做果酱。雪莲果果酱色泽自然，风味宜人，果酱凝胶稳定性好，能量低而且营养丰富，微生物和残留物指标均符合标准，是一种较好的营养保健品。

　　雪莲果可做饮料。以雪莲果为主要原料加入稳定剂、白砂糖等辅料制得营养丰富、口感细腻爽口的雪莲果饮料，清凉爽口，具有降低血糖和调理胃肠道的功能。为提高饮料的功能和满足不同消费者的需求，还可在雪莲果汁中加入茶汁、胡萝卜、西红柿、百香果、芦荟等果蔬汁，制成功能更多、口感更好的保健饮料。

　　雪莲果的食用部分为根块，形似番薯。薯块多汁，不含淀粉，生食、炒食或煮食，口感脆嫩、味甜、爽口。薯块和叶可加工制作饮料。

（三） 选购方法在线

1．马铃薯如何选购

（1）根据外观挑选

市场上，马铃薯质量参差不齐，如何挑选马铃薯，成为了消费者关注的主要问题，挑选马铃薯的要点主要有以下几个方面：

第一，看形状及大小。尽量挑选圆的马铃薯，因为圆的比扁的更方便去皮。根据个人常用的烹饪方法选择大小，如果是做土豆丝、土豆泥或土豆饼，那么最好就挑选大个儿的，这样切起来方便，削皮次数也会降低；如果是要拿来直接水煮食用的，那么最好选择小个儿的，因为小个儿的更易熟和入味。

马铃薯如何选购
扫一扫，了解更多吃的科学

第二，观察外皮及感受硬度。外皮干燥的马铃薯放置的时间会比较长一点，有水泡的马铃薯尽量不要购买，这样的马铃薯贮藏时间将会变短；同时还可通过观察马铃薯皮判断马铃薯是否酥脆，酥脆的马铃薯皮有很多斑点和复杂的细丝，而皮光滑油亮的马铃薯一般不会好吃，也很难煮熟；用手按压马铃薯，适当用点力道，感受马铃薯的硬度，选择那种有强硬度的马铃薯，越硬说明越新鲜。

第三，观察整堆马铃薯的情况。因为马铃薯一般都是一整堆放在一起，如果有一大片都坏掉了，那么你也不要选用了，因为其余外观较好的马铃薯肯定也被坏掉的马铃薯感染，将无法保证不吃出问题。

（2）注意事项

拒绝有毒素的马铃薯。挑选每一个马铃薯都要观察其所有部位的情况，是否有芽、有腐烂、有受伤等，要确保没有上述情况出现再选购。发芽、外表变绿、有黑色（斑）或者淤青及已经腐坏的马铃薯，切记不能食用，因为马铃薯变绿是有毒生物碱存在的标志，如果食用，可能会导致中毒。

2. 番薯如何选购

（1）根据外观挑选

第一，看外形。购买番薯时，要选择头部比较尖的番薯，因为生命力比较强的番薯一般生长会比较快，头部比较尖，这类番薯的营养价值自然会比其他的番薯高一些，但如果形状不是很规则的话，也不建议购买。建议大家买长形的番薯为好，因为长形的番薯生长期间应该没有添加什么其他的刺激性肥料。

第二，表皮光滑干净。表皮比较干净而且十分光滑的番薯是比较好的；若是番薯表皮已经呈现黑色或者有褐色斑点的话，建议不要购买，这样的番薯已经不新鲜了，甚至是有可能已经变质了。

头部较尖的番薯

第三，是否发芽。已经发芽的番薯，建议不要购买，煮出来的味道会发苦，确实没有那么好。

(2) 根据自身的口味来挑选

番薯有白瓤和黄瓤两大品类，黄瓤番薯的体形比较长，外皮呈淡粉色，番薯本身含糖多，煮熟后瓤会呈现红黄色，吃起来味道很是甘甜可口；白瓤番薯则体形比较胖，外皮的颜色多半为深红或者紫红，因番薯本身含有淀粉多，所以煮熟后瓤是白色的，味道又甜又面。因此大家可根据自己的口味来挑选番薯。

不同颜色的番薯

(3) 注意事项

一般来说，外表干净、光滑、形状好，外皮坚硬而且发亮的番薯是新鲜的；若是番薯不仅发芽了，且表面凹凸不平，说明番薯是不新鲜的，不建议购买；若是番薯的外皮还有不少的小黑洞，说明里面已经开始腐烂，更加不值得购买。

3. 木薯如何选购

(1) 根据外观挑选

第一，看颜色。主要是看木薯的颜色是否均匀。木薯品种比较多，颜色也不是唯一的，比如有红色、白色、黄色。

第二，看外表。看木薯的外表可能差异性比较大。选购时不仅仅要看形状，还要看大小及形状是否规则。大点儿的木薯，剥皮之后，可以食用的部分比较多；形状规则的木薯，特别是圆圆的木薯，比较好剥皮；呈条状的木薯，也是比较受欢迎的。

第三，检查是否有虫害。木薯不论是在地里还是挖起来后存放，都会有被虫咬的可能。所以，在挑选的时候，要注意看看是否有虫子咬过。

第四，看薯肉。剥开皮后观察木薯果肉，果肉结实、颜色均匀的木薯就是好木薯。

(2) 注意事项

优先挑选纺锤形状的木薯。不要买表皮呈黑色或有褐色斑点的木薯。

4. 山药如何选购

山药如何选购
扫一扫，了解更多吃的科学

(1) 根据外观挑选

山药品质参差不齐，选购时首先要挑选重量较重、大小相同的山药会更好；其次要看须毛，同一品种的山药，须毛越多的越好，口感更面，含山药多糖更多，营养也更好；再次要看横切面，山药的横切面肉质应呈雪白色，若切面呈黄色似铁锈的切勿购买，那已经不是新鲜的啦。

(2) 注意事项

如果山药的表面有异常斑点，绝对不能买，它可能已经感染过病害了。山药怕冻、怕热，冬季买山药时，可用手将其握10分钟左右，如山药出汗就是受过冻了。掰开来看，冻过的山药横断面黏液会化成水，有硬心且肉色发红，此山药质量较差。除此之外，购买山药时，还要注意山药断面是否带有黏液，外皮是否有损伤，有黏液、无损伤的宜购买。

5. 芋头如何选购

(1) 根据外观挑选

第一，看外表。芋头的外表往往会有一些毛皮，会遮盖一部分表皮，拨开那些皮毛进行仔细观察和触摸，观察是否有发霉腐烂、硬化、干萎以及斑点等痕迹，好的芋头没有这些痕迹。

第二，观察芋头的完整性和大小。芋头的体型一般都是越大越好，它的品质和价格也往往是与体型成正比的，但是体型大的外表也更加容易受损，所以购买时还要观察它的外表是否有伤痕，尽量购买完整无伤痕的芋头。

第三，检查芋头的重量。检查重量的方法很简单，只要对比一下两个相同大小的芋艿头即可。一般而言，同样大小的芋艿头，较轻的一方质量好，因为它所含的淀粉量高，吃起来比较粉，口感好；相反，较重的一方可能含水量较多，肉质比不上前者，味道自然也不如前者好。对"太重"的芋头则要提高警惕，芋头越重很可能是芋头生水严重，生了水的芋头肉质不粉，口感单调。为什么芋头会生水呢？因为收割芋头要在农历二月初一之前，过了这个时间之后收割的芋头淀粉会流失，导致芋头生水，重量增加，质量也大打折扣了。因此，挑选芋头最好不要挑那些个头很小，但重量却十足的。

第四，检查芋头的根须部位。一般而言，芋头是否优质，它的肉质是否够粉，可以从根须部位检查出来。用刀稍稍切开根须部位，切口处会出现一些乳白色的黏状液体，用手轻轻接触，如果这些黏液十分浓稠，而且十分显白，又能够很快干结成白色小粉，那么这个芋艿头就是优质产品。

第五，检查沙眼。检查根须部位还有一个方法，就是查看沙眼。在芋头根部的附近，如果有很多沙眼，即凹下去带土的小洞，芋头就是较粉的，品质也较为优良；如果外皮较光滑则不是很粉。

第六，检查芋头的横切面纹理。一般大的芋头卖家都会切半出卖，这时候要观察芋头的横切面纹理，横切面上紫红色的纹路越多越密，芋头通常就会越粉。

（2）注意事项

要检查芋头是否新鲜。芋头出自土壤下，新鲜的芋头一定带有湿润泥土的气息，而且一般都是比较硬的，如果发现芋头较软，那么很可能是老了，不新鲜了，不建议购买。

6. 豆薯如何选购

（1）根据外观挑选

在挑选豆薯的时候，不宜选择过大的，一般选择表皮比较光滑、有种沉甸甸感的豆薯会比较好。

一是看颜色。好的豆薯果皮呈淡黄色或偏白色，不建议购买有黑点或颜色较暗的豆薯，可能已经存放时间很长了。

二是看外观。生长得很好的豆薯外观比较圆滑饱满，若是有较多深的沟壑，则豆薯生长不是很好。

三是看手感。新鲜的豆薯水分充足，用手轻轻捏时给人一种饱满充实的感觉；若存放时间太长，豆薯质地会变软。

（2）注意事项

质量好的豆薯应该是根块周正，皮薄脆嫩，水分多，甜，不伤不烂。选购时应注意观察。

7. 洋姜如何选购

选购洋姜时应注意：洋姜的地下块茎是不规则的多球形、纺锤形，有不规则突起，皮红、黄或白色；有毛，上端有2~4个具毛的扁芒。

8. 魔芋如何选购

（1）根据外观挑选

我们选购魔芋时，要选择灰白色的魔芋，并且里面还会呈现出各种小颗粒，就像魔芋的果实一样。摸起来光滑不黏稠的才是好魔芋。

（2）注意事项

选购袋装魔芋时，必须看清楚包装上的标识。

9. 雪莲果如何选购

（1）根据外观挑选

看外观：因为是根状水果，最好选择表面平滑，没有磕碰，没有节、芽、坑之类情况的果子。另外，选择饱满些的、均匀状的，这样果实水分含量多一些，味道也会好一些。看肉色：几乎不使用化肥而仅仅使用农家肥和对灌溉用水要求非常高的雪莲果，果肉金黄色，晶莹剔透；使用过化肥、激素的雪莲果，果肉呈白色或淡黄色。

(2) 注意事项

雪莲果不耐贮藏，购买要适量。除此之外，还是需要注意尽量应季购买。

（四）储藏方法在线

1. 马铃薯如何储藏

(1) 储藏特性

马铃薯的储藏方法，对其食用品质和其加工制品的质量有着较大的影响。马铃薯喜凉爽，不耐冻、不耐热，如果储藏不当，容易发生病害和腐烂。马铃薯的安全储藏与环境温度、湿度、通风及光照等条件有密切关系（李树洋，2013；阚琳玮，2014）。

①温度对储藏的影响。在储藏初期，新收获的马铃薯尚在后熟阶段，呼吸旺盛，会产生大量的二氧化碳气体，并释放热量，加之水分散失，重量减轻。在此期间，薯块的机械损伤口会逐渐木栓化，块茎周皮细胞的木栓化层亦越来越厚，如果条件适宜，5～7天就可以形成致密的保护层。因此在储藏初期10～15天的愈伤阶段，应保持15～20℃的较高温度，待形成木栓化保护层后，便可以将温度控制在0～5℃进行储藏。

②湿度对储藏的影响。储藏初期愈伤阶段的适宜相对湿度为

85%～95%，储藏期的适宜相对湿度为90%。湿度过低，水分损失严重，薯块重量损失大，且产生萎缩现象；湿度过高，则会加快发芽的速度，引起病害，造成腐烂。

③通风条件对储藏的影响。通风可以调节马铃薯储藏的温度、湿度，有利于排除不良气体，维持薯块的正常呼吸，前期还能促进其木栓化。除此之外，通风可以使储藏环境以及薯堆内各部分的温度相对均匀，避免局部温度、湿度过高或过低和发生结露现象。通风要依外界气温而定，外界气温过低或过高时都不易通风，因为外界温度过低时通风会造成薯块结露，过高时通风会使窖内温度升高，这些都不利于储藏。一般以接近适宜储存温度时通风为好。

④光照对储藏的影响。马铃薯在储藏期间应避免光照，因漫射光照能促使马铃薯中叶绿素及茄苷类物质的形成，降低马铃薯块茎的品质。

(2) 储藏方法的选择应用

①冬储法。许多地区的马铃薯，从9月下旬开始收获入窖，一直要储藏到第二年5月播种。食用薯储藏时间更长，常常要储藏到新薯收获时才能清窖，需要度过漫长的冬春。所以冬储法除了注意严冬防寒保暖外，还要注意5月、6月时窖温上升，防止薯块发芽。根据各地储藏实践，常采用的储藏方法主要有井窖、窑洞窖、非字形窖和储藏库。

 小贴士

　　井窖储藏。这是我国较为普遍采用的一种储藏方法，适宜地下水位低、土质坚实的地方。可选择在地势高、排水良好和管理方便的地方挖窖储藏。先挖一直径0.7~1米和深约3~4米的窖筒，然后在筒壁下部两侧横向挖窖洞——高1.5~2米、宽1米和长3~4米，窖洞顶部呈半圆形。窖筒的深浅和大小，应根据所需条件和储存量的多少而定。

窑洞窖储藏。选择山坡或土丘的地方挖窖，先挖成高2~2.5米、宽1~1.5米和长6米左右的窖洞，然后在窖洞的两侧挖窖洞储藏薯块，窖洞和窖洞的顶部均为半圆形，窖洞的大小和多少根据储藏量而定。

非字形窖储藏。选择在地势高的地方建窖，窖沟的深浅视当地的气候条件而定，一般有地下式和地上式两种。具体做法是，先根据储藏量的需要挖成"非"字形的沟，然后用砖、石砌成窖洞，窖洞的大小和数量按储藏量的多少而定。为了保持适宜的储藏温度，窖洞的顶部要进行盖土，厚度为1米左右。

储藏库储藏。这是一种比较现代的储藏方式，它是借助机械制冷系统将库内的热吸收传递到库外，可以人工控制和调节库温，不受气候条件和生产季节所限，一年四季均可储存。

②夏储法。二季作地区，春播收获后恰逢高温和多雨季节，薯块在储藏过程中很容易软缩和腐烂。因此，夏储的关键是降低温度、湿度，保持通风，清洁卫生等。主要储藏方法有堆藏法、沟藏法、室内晾藏和甘薯窖储藏法等。

 小贴士

堆藏法。选择阴凉、地势高、通风良好的地方，在地面上先铺一层沙子或石子，上面再铺上10~15厘米厚的秸秆，然后放一层15厘米厚的薯块，再盖一层湿沙或细土，厚度以不露出薯块为宜，这样一层层地堆积起来，薯堆不宜太大，以堆宽1米、堆高不超过1米为宜，一个薯堆约放薯500千克左右，最后再用湿沙将薯堆全部封严。

　　沟藏法。选择地势高、排水良好、有遮阴条件的地方，挖成深50～60厘米、宽1米的地窖，薯块入窖后，上面盖50～70厘米厚的土，土要成屋脊形，拍紧踩实，土上面再盖一层麦秆，以防日晒雨淋。

　　室内晾藏。春薯收获后，选择背阳有窗户的阴凉间，先在地上铺一层高粱杆或草帘，然后堆放种薯，堆放厚度一般以3～5层为宜，储藏期间要上下倒翻种薯，倒翻次数则根据堆放厚度而定，一般每隔一周左右倒翻一次即可。

　　甘薯窖储藏。春季马铃薯收获后，正好甘薯窖空出来，可用它来储藏马铃薯。

　　③菜用薯和加工薯储藏法的选择。菜用薯储藏法宜选择具有现代化控调设备的冷藏库。一般薯块不发芽、不失水、并保持原有的硬度而不干缩。

　　加工产品的不同，对储藏的要求也不同。例如，用于加工淀粉、干制品、膨化制品的薯块，对储藏条件的要求就不严格，少量的失水，不会造成干物质的损耗，因此采用上述方法储藏均可；但用于加工冻制品、油炸制品的薯块，则与菜用薯的储藏要求相同，宜选择现代化的冷库储藏。

　　另外，马铃薯储藏方法很多，究竟采用哪种储藏方法较好，应根据储藏量、储藏实践、储藏季节、当地气候条件和马铃薯的用途而定。在储藏前必须周密考虑到具体情况，因地制宜地选择适宜的储藏方法。

（3）家庭常用储藏方法

　　①城市家庭储藏法的选择。城市家庭由于无条件挖储藏窖，一般缸藏法最为理想，其优点是成本低、占地小、方法简便、效果好。

　　②农村家庭储藏法的选择。井窖储藏是广大农村普遍推行的一种方法，它具有造价低，用料少，冬暖夏凉的特点。

(4) 注意事项

为提高储藏效果，必须对马铃薯采取一些处理措施。

①晾晒。薯块在收获后，可在田间就地稍加晾晒，散发部分水分，以便储运，一般晾晒4个小时，就能明显降低马铃薯的储藏发病率，如果日晒时间过长，薯块将失水萎蔫，不利于储藏。

②预贮。夏秋季节收获的马铃薯都需先堆放在阴凉通风的室内、棚窖内或阴棚下预贮。为便于通风和对病害薯块的检查，预贮堆不易过大，并在堆中设通风管；为避免阳光照射，可在薯堆上加覆盖物遮光。

③挑选。马铃薯在预贮后要进行挑选，剔除病害、机械损失、萎蔫及腐烂的薯块。

④药物处理。用化学药剂进行适当处理，可抑制薯块发芽，同时还有一定的杀菌防腐作用。在马铃薯收获前2~4周内，用0.25%的青鲜素水溶液进行叶面喷洒，可抑制发芽；或用高浓度的萘乙酸甲酯处理马铃薯块，亦可防止其发芽。

⑤辐射处理。用Co-60γ射线照射薯块，有明显的抑制发芽效果。

2. 番薯如何储藏

(1) 储藏特性

安全贮藏是番薯丰收保产、种子妥善保管及进行加工利用的重要环节。因番薯薯块体积较大，含水量高，且易感染病害，对贮藏期间温度要求较严格。因此在贮藏中稍不注意，很容易发生大量腐烂，不仅造成重大经济损失，还会影响生产。番薯的安全贮藏，是一项技术性很强的工作。在贮藏工作中，必须根据薯块贮藏期间的生物学特性，采取合理的管理措施，保证薯块生理活动的正常进行，才能达到安全贮藏的目的。应避免冷害和冻害、病害、湿害或干害、缺氧等情况的发生。

(2) 储藏方法的选择应用

新鲜的番薯，从9月下旬收获入窖，一直要储藏到第二年6月播种；食用薯储藏时间更长，常常要储藏到新薯收获才能清窖，需要度过漫长的冬春。所以冬储法除了注意严冬防寒保暖外，还要控制5月、6月窖温上升，防止薯块发芽。根据各地储藏实践，常采用的储藏方法主要有番薯干片和储藏、新鲜番薯的储藏。

(3) 注意事项

番薯储藏方法很多，究竟采用哪种储藏方法较好，应根据储藏量、储藏实践、储藏季节以及当地气候条件和用途而定。在储藏前必须周密考虑到具体情况，因地制宜地选择适宜的储藏方法。

①城市家庭储藏法的选择。城市家庭由于无条件挖储藏窖，一般番薯干片最为理想，其优点是成本低、占地小、方法简便及效果好。

②农村家庭储藏法的选择。井窖储藏是广大农村普遍推行的一种方法，它具有造价低，用料少，冬暖夏凉的特点。

③加工薯储藏法的选择。加工产品不同，对储藏的要求也不同。例如，用于加工淀粉、干制品、膨化制品的薯块，对储藏条件的要求就不严格，少量的失水，不会造成干物质的损耗。因此，采用上述何种方法储藏均可，但用于加工冻制品、油炸制品的薯块，则与菜用薯的储藏要求相同，宜选择现代化的冷库储藏。

3．木薯如何储藏

（1）储藏特性

木薯块根不耐储藏，采后2～3天内由块根内部的多酚类物质发生了酶促和非酶促氧化的生理生化变化而引起褐变，并开始变质腐烂。

（2）储藏方法的选择应用

贮藏方法同马铃薯的冬藏法。一是井窖法；二是窖洞法；三是非字形窖法；四是储藏库法。

（3）注意事项

木薯储藏方法很多，究竟采用哪种储藏方法较好，应根据储藏量、储藏实践、储藏季节以及当地气候条件和用途而定。在储藏前必须周密考虑到具体情况，因地制宜地选择适宜的储藏方法。

①城市家庭储藏法的选择。城市家庭由于无条件挖储藏窖，一般缸藏法最为理想，其优点是成本低、占地小、方法简便、效果好。

②农村家庭储藏法的选择。井窖储藏是广大农村普遍推行的一种方法，它具有造价低，用料少，冬暖夏凉的特点。

③菜用薯储藏法的选择。宜选择具有现代化控调设备的冷藏库。一般薯块不发芽、不失水、并保持原有的硬度而不干缩。

④加工薯储藏法的选择。加工产品的不同，对储藏的要求也不同。例如，用于加工淀粉、干制品、膨化制品的薯块，对储藏条件的要求就不严格，少量的失水，不会造成干物质的损耗。

因此，采用上述何种方法储藏均可，但用于加工冻制品、油炸制品的薯块，则与菜用薯的储藏要求相同，宜选择现代化的冷库储藏。

4. 山药如何储藏

(1) 储藏特性

山药薯块耐寒，必要时可以就地贮存，延迟至次年3月上中旬采收。也可用土窖贮藏，窖中山药与沙土相间层积贮藏，最后覆土呈屋脊形，盖上稻草防止雨水侵入。窖内保持10~15℃，一直可贮存到次年4~5月。

(2) 储藏方法的选择应用

除鲜山药供应市场外，可以选用井窖、储藏库等贮藏（陈艳乐，2006；陈俊英，2007）。近年也有将鲜山药加工成毛条或光条出口。

 小贴士

　　①毛条的制法是将山药浸水、刮皮、硫磺熏蒸、晒干后制成粗制品。采回的根茎要及时加工，否则加工难度大、折干率下降。把根茎洗净，刮去外皮，使之成白色，如有小黑点、根节斑点残留，则可用小刀刮去，刮后即用硫磺熏，每50千克鲜山药约用硫磺0.25千克，熏8~10小时。水分外出，山药发软，即可拿出暴晒或放入烤房烘烤。但需注意，如山药过大，亦可纵剖成2~4块，这样容易干燥，不会霉变。等山药外皮稍见干硬，即应停止日晒或烘烤，再将其用硫磺熏24小时后，熏至全株发软，再拿出日晒或烘烤至外皮见干，之后进行堆放，如此反复3~4次，直到真正干燥为止。

　　②光条的制法是将毛条浸水泡软，撒上淀粉，搓光，切成16~18厘米的山药条，再撒上淀粉，搓光，晒干。

(3) 注意事项

贮藏的山药应粗壮、完整、带头尾，表皮不带泥、不带须根、无伤口、

疤痕、虫害、未受冻伤。入贮前要经过摊晾、阴干，让外皮稍干老结。适宜贮藏条件温度0～2℃，相对湿度80%～85%

5. 芋头如何储藏

(1) 储藏特性

芋头喜干不喜湿。贮藏的最佳温度为10～15℃，不耐寒，温度接近0℃或高于25℃则会明显受害或腐烂。一般是在下霜后地上部分枯萎时开始采收，收后随即入贮，有"芋头不回家"之说法。

(2) 储藏方法的选择应用

芋头贮藏方法一般采用坑埋法贮藏。坑深以0.8～1米为宜，长宽度可根据贮量大小而定。坑内直立一个稻草束直径约为10厘米做为通风束。芋头在坑内散放，或与湿沙土层积，坑内堆芋不能过高，否则沟底及中部温度偏高，芋头易萌芽或腐烂。芋块堆至距坑口0.2米处为宜。然后覆土，以后随气温下降分次添加覆土，覆土总厚度为50～60厘米。四周要开排水沟，以防止漏雨或坑内积水。

芋头可以采用槟榔芋田间贮藏方法，即将采收后经晾干的芋球茎采用倒置盖土法，在四周及其上分别覆土约30厘米和50厘米左右厚（刘向东，1991）。生产上，若当地气温较高，芋头可直接在田间越冬；气温较低的地区，也可采用窖藏（张秀丽，2002）。研究表明芋头贮藏越冬的效果受不同贮存介质的影响，室内湿沙藏与室内湿蛭石藏相比，前者保水性更好，可减少浇水次数；室外贮藏则宜采用地势较高的田间抽沟培土处理，既可作芋头的商品性贮藏，又可作为贮备芋种（黄新芳，1999）。

(3) 注意事项

在贮藏期既要防热又要防冻。入贮初期块茎呼吸旺盛，坑内热量多，温度易上升。因此，坑顶覆土不能一次性覆完，要分次添加，要保持通风正常。以后随芋头堆逐渐下沉，要随时将覆盖土层上的裂缝填没，防止进入冷空气，芋头受到冻害。同时要注意坑底不能积水。贮藏过程中要及时检查。一般不倒动，但如果发现坑温较高或贮藏期过长，可酌情倒动1~2次，除去病烂发芽的芋块以防蔓延。倒动时，要轻拿轻放，严防新的机械伤害发生。种芋也可以用坑埋法贮藏。但收获时要注意割断地上部茎叶后整株成簇挖起，尽量不能碰伤芋头。要求一簇簇堆放在坑内。临种前取出种株，分开子芋和母芋；选择顶芽饱满和无腐烂病虫危害的子芋、孙芋或母芋作种用。开坑后种芋不能再久放，最好在1周内播种完毕。

在栽培中要注意生育后期不能灌水过多，并注重增施磷钾肥料，以利于提高芋头的耐贮性和抗病性。

6. 豆薯如何储藏

(1) 储藏特性

豆薯块根脆嫩、汁多、味甜，应早收，不耐贮藏。中晚熟品种豆薯皮薄、不耐霜冻，应在霜冻前收获。

(2) 储藏方法的选择应用

豆薯在室内常温下采用挂藏、篓藏和膜藏方法进行贮藏，在整个贮藏期间，不论哪种贮藏方法贮藏的豆薯，冷害前都随着贮期的延长，呼吸强度逐渐降低，淀粉逐渐水解为糖，糖由于呼吸消耗而逐渐减少，抗坏血酸被逐渐氧化损失掉。三种贮藏方法中，以膜藏方法贮藏的豆薯效果好，表现在膜藏豆薯呼吸强度低，淀粉水解为糖的速率慢，能保持比较高的复筒比值，糖的消耗量少，抗坏血酸损失少，失重率小，而发病率与其他两种贮藏方法没有显著区别等方面。在生产实践中，可通过药剂防腐处理减轻发病率。膜藏豆薯有类似气调贮藏的效果，成本低，方法简便，是适合广大农村在豆薯采收旺季进行短期（两个月）大量贮藏的一种较好的方法。

（3）注意事项

豆薯贮藏时，贮温在10℃以下时均易受到冷害。

7. 洋姜如何储藏

（1）储藏特性

洋姜在0℃以下即开始冬眠，冬季贮藏期间怕热不怕冷，只要温度不高，就不会霉烂。

（2）储藏方法的选择应用

目前洋姜块茎成熟后可以选择在田地越冬保藏、低温保藏、烘干保藏等。越冬贮藏即洋姜成熟后将其留在土里，待需要时再取出收获，但受地域和季节影响明显。秋后正值洋姜块茎快速生长的时期，待到10月上旬，洋姜的叶、茎完全被霜冻死，即可收获地下块茎了。一般是采用人工或机械等办法，把洋姜块茎从土里取出即可。如果是第二年春季用洋姜的话，可以在秋后把洋姜杆割去，不收洋姜块茎，但第二年春季要尽可能早些取出，否则发芽很快（地温2℃即开始萌发），影响洋姜质量。

冬季贮藏方法：秋季挖一浅窖，把洋姜放入，随即撒上沙土，保持湿度和足够的通气，然后四周盖上5厘米厚的土，不要让洋姜暴露出来。大量贮藏时，可用草把子作几个通气孔。菊芋在0℃以下即开始冬眠，冬季贮藏期间怕热不怕冷，只要有土盖住，−50℃也不会被冻死，第二年仍可发芽生长。要本着这一原则做好冬季贮藏工作，只要温度不高，就不会霉烂。

洋姜冷藏是目前最常用的方法，尤其对作为留种和块茎保鲜用途的洋姜而言。当然，跟其他肉质类植物一样，洋姜贮藏还受品种、季节、冻害发生频率，以及收获前环境条件等各种因素影响（Kays，1991）。根据洋姜的不同种类和成熟度，洋姜块茎可以在温度0~2℃和湿度90%~95%条件下贮藏4个月以上（Danil enko，2008）。贮藏过程中，会出现脱水、腐烂、发芽等缺陷，随着贮藏时间的增加，洋姜粉和单糖的成分也会发生变化（Saengthongpinit，2005）。

还有一种新的贮藏洋姜方法。首先对收获的洋姜块茎进行清洗，去除表面泥土和杂物，将块茎经锤式粉碎机捣碎之后，放入回收大缸中，添加pH<2的酸溶液，并使之混合均匀，置于贮藏罐中备用（Harris，2007）。这种方法能避免洋姜变质和腐烂，延长其保存时期。但是，此法主要是为发酵生产乙醇所用，因其局限性不能解决洋姜保鲜留种以及用于其他产品生产的需要。

(3) 注意事项

洋姜贮藏受品种、季节、冻害发生频率，以及收获前环境条件等各种因素影响，所以应随时监控贮藏过程中的洋姜情况。

8. 魔芋如何储藏

(1) 储藏特性

易发生低温冷害，造成冻伤，储藏后易腐烂。温度以8~10℃最为适宜，最高不应超过20℃，最低不应低于5℃；空气相对湿度以60%～80%为好，这样的湿度有利于保持魔芋的鲜度。

(2) 储藏方法的选择应用

虽然魔芋繁殖方式较多，但因各种方式均有其优缺点，目前魔芋的繁殖方式仍以无性繁殖为主，因此，魔芋种芋的储藏对魔芋产业及魔芋相关产业的发展就显得尤为重要，目前，魔芋的储藏方式主要有架藏、露地越冬藏、堆藏几种（高建军，2011；邵明新，2010）。

 小贴士

①架藏。这种方法主要用于藏种芋。球莲摊在架层上，可以充分通风并接受散射光的照射，因而可有效地防止烂种和控制球莲病害的蔓延，这对生长期间田间病害流行严重的地方的球莲来说尤为重要。但是，这种方法储藏的球莲失水太多，应在中后期适当地进行覆盖。

②露地越冬藏。露地越冬藏是指当年不挖收魔芋而留在地里自然越冬，此法可在冬季不太寒冷的魔芋产区使用。选择地势高、易排水、沙壤土质、当年魔芋长势好、病害较轻的留种地就地越冬。该法不仅避免了魔芋在采挖时可能会受到的损伤以及病菌的传染，同时可使种芋保持新鲜，次年春季早发芽，提前出苗，进而利于增产增收。但是，由于该法较为原始，受自然条件影响较大，若遇严寒，易发生低温冷害和腐烂。

③堆藏。选择通风良好、地面干燥的室内或排水良好、通风向阳的室外，四周用木条、竹竿等围绕，并用网袋将魔芋球莲小心地成排推入圈内，每一排留出一定通风段，若在室外，可在上方建一个防雨的顶蓬。这种方法一般适用于加工厂内对需加工的魔芋的短期藏。

(3) 注意事项

魔芋怕冻害，需适时收挖。确定魔芋收挖期后，就应及时选择土壤干爽的晴天进行收挖。收挖中要做到轻挖、轻放、轻搬、轻运、不能伤皮、避免机械损伤，同时要保护好顶芽。

9. 雪莲果如何储藏

(1) 储藏特性

雪莲果是块根作物，体积较大，水分含量很大，呼吸旺盛，块根内含有的营养物质丰富，所以储藏温度、储藏时间、是否密闭避光都对储藏期内块根中各种物质变化影响很大。

(2) 储藏方法的选择应用

洛阳雪莲果基地主要是在11月下旬以后采用沙藏的储藏方法，但沙藏只是粗略的储藏方法，不能及时准确地对温度进行控制，缺乏科学研究的支持。已有研究显示，雪莲果在收获后由于储存条件的不同，其功能性成份低聚果糖的含量会出现明显的变化，但目前，何种储藏方法最适用于雪莲果尚未定论。

(3) 注意事项

雪莲果在南北方的储藏有差异。南方可以留在地里越冬，随时采挖出售；北方应在霜冻前采挖后入窖贮存。

三、

开讲了：
吃个明白

（一）　马铃薯

马铃薯既是我国主要粮食作物之一，又是重要的饲料和工业原料作物。马铃薯的用途和地位已经发生了变化，生产已经得到了各地的高度重视，近几年来，马铃薯播种面积占粮食作物总播种面积的比重增加，产量占粮食总产量的比例也增多。

鲜马铃薯

1. 应季饮食

马铃薯可粮菜兼用。每人每天吃0.25千克的新鲜马铃薯，就能产生100多千卡的热量，且食用后有明显的饱腹感，所以马铃薯十分耐饿，加上马铃薯没有异常味道，完全可作为主食。

马铃薯发芽后，应深挖去掉发芽部分及芽眼周围，然后浸泡半小时以上，弃去浸泡水，再加水煮透才可食用。马铃薯中的有毒生物碱遇醋易分解，故在烹调时可适当加些食醋。若马铃薯发芽太多，则不可食用。

2. 食以人分

(1) 哪些人适宜吃马铃薯

肠胃病人：马铃薯能改善肠胃功能，对胃溃疡、十二脂肠溃疡、慢性胆囊炎、痔疮引起的便秘均有一定的疗效。

高血压患者：当人体过多地摄入盐分后，体内钠元素就会偏高，钾便呈现出不足而引起高血压，而马铃薯含有丰富的钾元素，故常吃马铃薯能及时给体内补充所需求的钾元素，可以有效预防高血压。

另外，马铃薯中的维生素C除对大脑细胞具有保健作用外，还能降低血液中的胆固醇，使血管有弹性，从而防止动脉硬化。

(2) 哪些人不适宜吃马铃薯

马铃薯含有一种叫生物碱的有毒物质，当人体摄入大量的生物碱后，会引起中毒、恶心、腹泻等反应。孕妇经常食用生物碱含量较高的薯类，生物碱蓄积在体内可能会导致胎儿畸形，所以孕妇还是以不吃或少吃薯类为好，特别是不吃长期贮存、发芽的薯类。

另外患有妇科疾病以及气郁体质、特禀体质、阳虚体质、瘀血体质的人群，均不宜食用马铃薯。

3. 花样食谱

(1) DIY土豆条

原料　新鲜土豆2个，盐、淀粉、食用油适量。

做法　①土豆切成筷子般粗细的条。

②水中放盐，水开后放入土豆条煮两三分钟。

③捞出来，用冷水泡一会儿。

④晾凉后可用两种方法处理，一是放到盆子里晒干，用淀粉敷上后晃匀；二是放冰箱冷冻，随时吃随时炸。

⑤将油烧至七分热，放入土豆条，炸到金黄为止。

(2) 土豆泥

原料 　鲜土豆2个，牛奶、沙拉酱、火腿、盐、青豆和玉米粒适量。

做法 　①两个偏大的土豆切块后放入容器，加半
碗水用微波炉高温转10分钟。
②拿出来用木槌捣成泥。
③加牛奶、三勺沙拉酱，火腿粒、少许盐。
④最后加入煮熟的青豆和玉米粒，拌匀即可。

跟我学做美味土豆泥
扫一扫，了解更多吃的科学

（3）葱香土豆烙

原料 鲜土豆，食用油，胡椒粉，盐，葱花。

做法 ①土豆去皮切丝，切好后不要清洗，保留土豆的淀粉不损失。

②放少油，烧到五成热时，将土豆丝均匀铺成圆饼状，用中小火慢慢煎。

③均匀撒入胡椒粉、盐、葱花。

④煎到晃动锅时土豆烙能整片滑动时翻面，两面均煎至金黄时，即可出锅。

⑤吃时切块。

（4）土豆烧小排（川湘风味）

原料　鲜土豆、排骨、淀粉、酱油、鸡蛋、食用油、花椒粉、胡椒粉、生姜、豆瓣酱、盐、糖。

做法　①先用淀粉、酱油、蛋清将小排拌匀，适量放入花椒粉、胡椒粉腌5分钟。

②锅内放油烧热，放入姜片爆香，再放入豆瓣酱，炒匀后马上将小排放入，炒熟后加水开始炖煮，记得放糖。

③烧的过程中可以尝尝汤味，根据自己口味加入调料。

④待小排煮熟入味后，放入切好的土豆块，再炖煮约15分钟，待土豆软熟后就可以吃了。

(5) 凉拌土豆片

原料　新鲜土豆250克，酱油25克，辣椒油50克，香油5克，糖5克，花椒油5克，醋5克，蒜5克，鸡精、盐、葱花、白芝麻适量。

做法　①土豆切薄片，泡进凉水中去除多余淀粉；开水煮熟，不要煮软。
②捞出沥水，放入调料搅拌即可食用。

（6）培根土豆卷

原料　土豆、培根、洋葱、盐、黑胡椒。

做法　①土豆洗净，表面切十字，不要太深，放锅中大火煮熟捞出，剥皮压泥，培根和洋葱切末。

②锅中倒油，大火烧至四成热，放培根煸炒出油，再放洋葱，待洋葱成透明盛出。

③培根和洋葱倒入土豆泥，加盐和黑胡椒拌匀。

④手中倒油，把食材揉成卷状。

⑤锅中热油，七成热时，下入土豆卷炸至金黄即可。也可根据个人喜好做成土豆饼。

培根土豆饼的家常做法
扫一扫，了解更多吃的科学

(7) 麻辣土豆丝饼

原料　土豆、油、盐、辣椒粉、花椒粉。

做法　①土豆去皮、洗净后切丝，用极少的油湿锅，烧至五成热，下土
豆丝，炒至断生。

②土豆丝团拢，用锅铲轻轻按压，从锅边入油煎炸，不能搅动。

③边煎边用铲子按压土豆丝，使土豆丝成饼。

④当一面煎黄后，翻面继续煎呈金黄色；滤去油后装盘，撒辣椒
粉、花椒粉、味精即可。

(8) 狼牙土豆

原料　土豆3个，小葱、香菜、干辣椒面、花椒粉、孜然粉、盐、味精、白砂糖、醋各适量。

做法　①土豆去皮，清洗干净，切为厚度约1毫米的片，用特制刀具切成波浪形长条，放入清水中除去淀粉。

②小葱和香菜洗净，小葱切葱花，香菜切小段。

③锅内入较多油，大火烧热，然后转温火，放入土豆条炸3~4分钟，尝一下，脆脆嫩嫩的，熟了就可以关火捞出来了。

④将土豆捞入一个较大的盘，加入切好的小葱、香菜。

⑤根据自己口味加入适量的干辣椒面、花椒粉、孜然粉、盐、味精、白砂糖和醋即可。

(9) 培根芝士焗土豆泥

原料　大土豆1个，豌豆、胡萝卜丁、培根丁、洋葱丁、马苏里拉芝士、黄油、沙拉酱、香葱少许，牛奶、盐、黑胡椒粉、沙拉酱适量。

做法　①土豆去皮切块，蒸20分钟（豌豆用小碗装好，也蒸5分钟），土豆稍微晾一下略加一点牛奶，盐、黑胡椒粉少许，捣成泥。

②锅烧热，黄油融化后加入洋葱丁、胡萝卜丁以及培根丁翻炒。

③在捣好的土豆泥中加入翻炒过的洋葱丁、胡萝卜丁和培根丁，再加入沙拉酱和熟豌豆，搅拌均匀做成缤纷土豆泥。

④上铺一层马苏里拉芝士，撒香葱末。

⑤预热烤箱后放入拌好的土豆泥，220℃烤10分钟左右，烤至奶酪金黄起酥即可。

(10) 土豆虾球

原料　土豆2个，虾半斤，鸡蛋1个，面包糠1袋，食用油、盐、胡椒粉适量。

做法　①把土豆连皮切开一起蒸熟，把皮去掉，加盐压碎成土豆泥。

②鸡蛋打散，和面包糠分别装在两个碗里。

③把虾在滚水里烫一下，变红色就立刻捞起来，不要太熟，否则虾肉口感会老。

④虾头连壳去掉，留尾部第二节虾壳不要剥，加盐、胡椒粉拌匀。

⑤取适量土豆泥将虾包裹好，留尾部在外面，在蛋液里裹一圈，再放进面包糠里沾满整个球，一个一个做好。

⑥油加热，不要太热，小火就可以，把虾球一个一个放进去炸到金黄即可。

(11) 土豆沙拉

原料　　大土豆2个，蛋黄酱1大勺，千岛酱1勺，盐和胡椒适量，牛奶小半杯，葱花、火腿粒适量。

做法　　①大土豆洗净切片，放在锅里大火蒸15分钟，放在盆中捣成泥。
②加入盐、蛋黄酱、千岛酱、胡椒、牛奶、葱花和火腿，搅拌均匀。
③放入冰箱中冷藏，吃时取出即可。

4. 饮食宜忌

马铃薯鲜薯（块茎）可粮菜兼用。马铃薯块茎中含有丰富的膳食纤维，并含有丰富的钾盐，属于碱性食品。马铃薯块茎水分多、脂肪少、单位体积的热量相当低，所含的维生素C为苹果的10倍，B族维生素为苹果的4倍，各种矿物质是苹果的几倍至几十倍不等。马铃薯的膳食纤维含量与苹果一样丰富，因此胃肠对它的吸收较慢，食用马铃薯后，它停留在肠道中的时间比米饭长得多，所以更具有饱腹感，还能帮助带走一些油脂和垃圾，具有一定的通便排毒作用。

从营养角度来看，马铃薯比大米、面粉具有更多优点，能供给人体大量的热能，可称为"十全十美的食物"。人可以只靠马铃薯和全脂牛奶就足以维持生命和健康，因为马铃薯的营养成分非常全面，营养结构也较合理，只是蛋白质、钙和维生素A的量稍低；而这正好用全脂牛奶来补充。

马铃薯是非常好的高钾低钠食品，很适合水肿型肥胖者食用，加上其钾含量丰富（几乎是蔬菜中最高的），所以还具有瘦腿的功效。研究表明，马铃薯中的淀粉是一种抗性淀粉，具有缩小脂肪细胞的作用。

【食物相克】

(1) 马铃薯+柿子

吃了马铃薯，人的胃里会产生大量盐酸，如果再吃柿子，柿子在胃酸的作用下会产生沉淀，既难消化，又不易排出。

(2) 马铃薯+香蕉

马铃薯是我们餐桌上经常出现的食物，香蕉又是我们经常吃的水果，或许很多人都不知道他们一起食用产生副作用。如果两样食物一起食用或食用的相隔时间少于15分钟的话，两者所含有的元素会发生化学作用并产生一定的毒素。这些毒素会导致人们长斑，爱美的女性记住哦，不要同时吃这两种食物。

(3) 马铃薯+石榴

马铃薯和石榴不能一起吃，吃了可能会中毒。一般情况下，不刻意同食这两种食物的话是不会有这种情况出现的，如果因为没注意在同一时段吃了马铃薯和石榴，可以用韭菜煮水服用就可以解毒了。

| 药用价值 |

中医认为马铃薯"性平味甘无毒，能健脾和胃，益气调中，缓急止痛，通利大便。对脾胃虚弱、消化不良、肠胃不和、大便不畅的患者效果显著"。现代研究证明，马铃薯对调解消化不良有特效，也是胃病和心脏病患者的优质保健品。马铃薯富有营养，是抗衰老的食物之一。

新膳食指南建议，每人每周应食薯类5次左右，每次吃50～100克。日本研究发现，每周吃5～6个马铃薯，可使患中风的概率下降40%。

据国外研究显示，马铃薯中含有的抗菌成分有助于预防胃溃疡，而且它不仅有抗菌功效，也不会产生抗药性。马铃薯蛋白组分可以作为功能食品的蛋白添加原料。

小贴士

1.马铃薯为什么有毒?

马铃薯含龙葵素 (solanine),龙葵素中的致毒成分为龙葵碱,又称马铃薯毒素,每100克中含量约为10毫克,不足以造成中毒。但是马铃薯发芽后,其幼芽和芽眼部分的龙葵碱每100克中含量可高达500毫克。正常人体一次性食入龙葵碱0.2~0.4克即可引起急性发芽马铃薯中毒。

马铃薯中毒在食用后2~4小时发病。表现为先有咽喉部位刺痒或灼热感,上腹部烧灼感或疼痛,继而出现恶心、呕吐、腹泻等胃肠炎症状;中毒较深者可因剧烈呕吐、腹泻而有脱水、电解质紊乱和血压下降等症状;此外,还常伴有头晕、头痛、轻度意识障碍等,重症者还会出现昏迷和抽搐,最后因心脏衰竭、呼吸中枢麻痹而死亡。

2.如何避免马铃薯中毒?

如果你仔细观察过马铃薯,那你会发现有些马铃薯呈微绿色,这是糖苷生物碱的毒性所致。过去有过因为食用马铃薯中毒致死的案例,虽然很罕见,但多数是因为食用马铃薯叶或者发绿的马铃薯。马铃薯中毒致死并不是突发的,当事人在食用后往往是起初虚弱无力,而后陷入昏迷。不用担心偶尔吃到的绿色马铃薯片,但一定要把长了绿芽或表皮变绿的马铃薯扔掉,不要再去烧煮食用,特别要小心别给儿童吃。

马铃薯暴露在光线下储存时会变绿,同时有毒物质会增加;发芽马铃薯芽眼部分变紫也会使有毒物质积累,容易引发中毒事件,食用时要特别注意。所以完善脱毒种薯生产体系,显得尤为关键(周蓓,2008)。

3. 如何预防马铃薯中毒?

(1) 马铃薯应存放于干燥阴凉处或经辐照处理,以防止发芽。

(2) 发芽多的或皮肉变黑绿者不能食用。发芽不多者,可剔除芽及芽周围部分后食用,去皮后水浸30~60分钟,烹调时加些醋,以破坏残余的毒素。

（二） 番薯

　　番薯不但价格便宜而且口感好、味道香，其营养价值丰富，保健功效出众，是世界卫生组织评选出来的十大最佳蔬菜冠军，因此受到人们的青睐，也成为我们餐桌上的常客。

鲜番薯

　　薯类不仅营养价值高，而且有很好的药用价值。我国传统医学认为：番薯性味甘平，有补脾胃、养心神、消疮肿等功效，可以治疗多种疾病。《金薯传习录》中说番薯可以治"痢疾下血、酒积热泻、湿热黄疸、遗精、淋虫、血虚经乱、小儿疮积"等症。

　　番薯的块根除供食用外，还可以制糖、酿酒、制酒精，也可制取淀粉和提取果胶等，制取的淀粉可以制作粉条和粉皮。番薯含有丰富的淀粉、维生素、纤维素等人体必需的营养成分，还含有丰富的镁、磷、钙等矿物元素和亚油酸等物质能保持血管弹性，对防治老年习惯性便秘十分有效（方忠祥，2001）。遗憾的是，人们大都以为吃番薯会使人发胖而不敢食用。其实恰恰相反，番薯是一种理想的减肥食品，它的热量只有大米的1/3，而且因其富含纤维素和果胶而具有阻止糖分转化为脂肪的特殊功能（李锋，2006年）。

番薯不仅是健康食品，还是祛病的良药。《本草纲目》记载，番薯有补虚乏、益气力、健脾胃、强肾阴的功效（梁敏，2003）。番薯蒸、切、晒、收，充作粮食，称作薯粮，使人长寿少疾。《本草纲目拾遗》说，番薯能补中、和血、暖胃、肥五脏。《金薯传习录》说它有6种药用价值：治痢疾和泻泄；治酒积食和热泻；治湿热和黄疸；治遗精和白浊；治血虚和月经失调；治小儿疳积。《陆川本草》说，番薯能生津止渴，治热病口渴（彭亚锋，2000）。

番薯含有大量不易被吸消化酵素破坏的纤维素和果胶，能刺激消化液分泌及肠胃蠕动，从而起到通便作用。另外，它含量丰富的β-胡萝卜素是一种有效的抗氧化剂，有助于清除体内的自由基（康明丽，2002）。所以，将技术和产品尽快推向市场，并在番薯功能成分分离提取和功能食品的研制方面进行大量深入的研究具有良好前景（王中凤，2000）。

番薯最好不要空腹吃，容易感觉烧心，一次也最好不要吃太多，否则容易出现淀粉消化不良症状，如泛酸、腹胀。如果长期把它当成主食，可能造成营养不良，特别是大病初愈、怀孕等特殊人群，还有中医诊断出的湿阻脾胃、气滞食积者也应慎食。建议可与含脂肪蛋白质丰富的食物同吃，或配合其他蔬菜食用。食用凉的番薯易致胃腹不适。番薯里含糖量高，在胃中产生酸，所以胃溃疡及胃酸过多的患者不宜食用。腐烂的番薯（带有

黑斑）和发芽的番薯可使人中毒，出现发热、恶心、呕吐、腹泻等一系列中毒症状，甚至可导致死亡，不可食用。

1. 应季饮食

番薯是我国重要的粮食作物和生物资源，开发利用前景广阔。秋冬季节，番薯正是应季好食物。《本草纲目》记载，番薯补虚乏、益气力、健脾胃及强肾阴。大量的番薯从土地里来到我们的饭桌上，既健康又美味，不仅薯块可以吃，番薯叶、番薯秆都可以做出美味的食物。

番薯中维生素、矿物质含量均比粮食高，尤以胡萝卜素和维生素C的含量丰富。这是其他粮食作物含量极少或几乎不含的营养成分。所以番薯若与米、面混食，可提高主食的营养价值（蔡自建，2003）。

（1）生番薯去血毒，熟番薯补气血

番薯是生活中特别常见的一种食物，被称为菜篮子里的"冠军菜"。白皮白心的番薯，对皮肤特别好，皮肤粗糙的人，常吃白皮白心的番薯，皮肤会逐渐变得润泽。红皮红心的番薯，营养就更好了，它是补气和血的，作用可以跟大枣相提并论，且没有大枣那么容易生湿热。脸色苍白的女孩坚持长期吃这种番薯，可以改善面部气色。

有一个妙用生番薯的小方子：把生番薯嚼碎后，敷在热毒疮的周围，对缓解疼痛很有帮助，这个方法用白皮白心的番薯尤为有效，因为生番薯本身就是消炎去毒的，白皮白心的番薯还有促进皮肤生长的作用，把它敷在毒疮的四周，就能把脓给逼出来，促使毒疮尽快收口愈合。

番薯是健脾胃的，小孩脾胃娇嫩，正需要番薯来补。如果是身体健康的小孩，体内没有痰湿，喜欢吃番薯是很自然的。番薯对于肠道功能有双向调节作用。便秘的人，可以常吃煮番薯；而喝酒过多，伤了脾胃引起腹泻的人，可以吃烤番薯来缓解不适。

（2）常吃番薯藤可降低血糖

很多人不知道，番薯藤也是可以吃的。番薯是公认的健康食品，番薯藤的保健作用也很强。糖尿病人吃番薯藤可以获得降血糖的效果。

常吃番薯藤对人体的益处
扫一扫，了解更多吃的科学

番薯藤的嫩尖，炒着吃是很清香的，吃起来有点像空心菜。把番薯藤老秆外的一层皮撕掉，把里面的秆掐成段，加一点辣椒和花椒炒着吃，味道很香。

番薯藤入肝经，是明目的。番薯藤还有去热毒的作用，可以调理肠炎和皮肤红肿、毒疮。如果吃了不干净的东西，肚子不太舒服，可以用番薯藤老秆煮水喝；如果皮肤长疮，可以用番薯叶子捣碎外敷来消肿排脓。

特别提醒一下：如果番薯的表皮变色、发黑或有褐色的斑点，那说明它的局部腐烂了，这时就不宜食用，更不能吃它的皮。

2．食以人分

番薯营养丰富，无论是蒸着吃还是烤着吃都受到消费者的喜爱，番薯味道香甜，可以说是现代都市人的最爱。一般人群均可食用，但是番薯食用过多也是有一定危害的，你知道哪些人不适合多吃番薯吗？

（1）番薯的糖分多，身体一时吸收不完，剩余部分停留在肠道里容易发酵，使腹部不适。中医认为，湿阻脾胃、气滞食积者应慎食番薯。

（2）番薯含有一种氧化酶，这种酶容易在人的胃肠道里产生大量二氧化碳气体，如番薯吃得过多，会使人腹胀排气、呃逆。番薯的含糖含量较高，空腹吃会产生大量胃酸，当胃酸过多时会刺激胃黏膜而引起返酸，使人感到"烧心"。胃由于受到过量胃酸的刺激而收缩加强，胃酸即可倒流进食管，发生吐酸水。因此，有胃溃疡、胃胀等病症的人不宜吃番薯，番薯的糖分会在胃中产生大量胃酸，增加胃内压力，胃不好的人，会被刺激溃疡面或胃黏膜，导致胃部不适。

 小贴士

1. 番薯含有"气化酶"，吃后有时会发生烧心、吐酸水、肚胀排气等现象。只要一次不吃得过多，而且和米面搭配着吃，并配以咸菜或喝点菜汤即可避免。

2. 食用凉的番薯易致胃腹不适。

3. 番薯等根茎类蔬菜含有大量淀汾，可以加工成粉条食用，但制作过程中往往会加入明矾。若过多食用会导致铝在体内蓄积，不利于健康。

3. 花样食谱

(1) 芝士焗红薯

原料　红薯、白糖、黄油、芝士、牛奶、鸡蛋。

做法　①红薯用厨房纸包好，纸巾表面拍水。

②将包好的红薯放入微波炉，高火加热5分钟至熟。取出对半剖开，用勺子挖出红薯肉。

③挖出的红薯肉用勺子压泥，加白糖、黄油和切碎的芝士，倒入牛奶搅拌。

④搅拌好的红薯肉酿回红薯托中，表面撒芝士。

⑤酿好的红薯托表面刷蛋黄液，放入预热好的烤箱中，放在烤箱中层，180℃烤大约20分钟，即成。

（2）拔丝地瓜

原料　红薯、白糖、食用油。

做法　①红薯去皮切块。

②锅中放油，放入红薯，小火慢炸，炸到筷子能轻松插进捞出沥油。

③另起锅放白糖和水，小火加热至糖化；待白糖起白色泡沫，炒至泡沫消失。

④放入红薯，快速让糖液裹匀红薯表面，盛出放入抹了油的盘子上，吃的时候准备一碗凉开水，方便断丝入口。

拔丝地瓜
扫一扫，了解更多吃的科学

(3) 红薯酸奶球

原料　　鲜红薯、酸奶、面包糠、食用油。

做法　　①红薯蒸熟，用小勺研成泥；酸奶放冰箱，凝固后切成小块。

②用红薯泥包酸奶块制成丸子。

③沾上面包糠，放油锅中炸至表面金黄。

(4) 蜜汁地瓜丸子

原料 鲜红薯、面粉、糯米粉、蜂蜜、椰蓉和葡萄干。

做法 ①地瓜蒸熟去皮,压成泥,加面粉和糯米粉和成面团。

②将和好的面团分成小饼子,团成丸子,放入微波炉中高火转3分

钟;转好丸子取出,浇上蜂蜜,撒上椰蓉和葡萄干。

(5) 红豆薯圆糖水

原料　红薯、紫薯、木薯粉、红豆、冰糖、冰水。

做法　①红薯、紫薯洗净去皮，切块，上蒸锅蒸20分钟。

②将蒸好的红薯、紫薯装进保鲜袋里，用擀面杖细细地擀成泥。

③在擀好的红薯、紫薯泥中分别加入100克、90克的木薯粉，揉成团，分成若干小面团，每一份小面团搓成长条。

④切块，撒散粉防止粘连，之后装进保鲜袋冻起来保存。

⑤锅里放红豆和冰糖，加水煮成红豆汤水后关火晾凉备用。

⑥另起锅，烧一锅开水，水开后放入红薯圆煮2分钟左右即可捞出，放入冰水中冰一下口感会更好。

⑦将紫薯圆放进刚刚煮红薯圆的锅内，煮2分钟左右捞出，同样放进冰水里冰一下，而后将两种薯圆捞出控水。

⑧将控水后的薯圆放进碗里，浇上红豆糖水即可食用。

(6) 梅子黄金薯条

原料) 红薯、低筋面粉、糯米粉、泡打粉、吉士粉、水、食用油、梅子粉。

做法) ①红薯去皮切条。

②低筋面粉、糯米粉、泡打粉、吉士粉、水、油放入碗中，拌均匀成糊状，放置15分钟备用。

③锅中倒入油烧热，将红薯条裹上糊，放入油中小火炸至金黄，捞出沥干。

④表面撒上梅子粉，趁热食用。

(7) 蜜汁地瓜片

原料　红薯、蜂蜜、芝麻。

做法　①地瓜切片，放入烤箱，210℃烤10分钟左右。

②将烤盘取出，用小刷子在地瓜片上刷一层蜂蜜，送入烤箱中再烤约8分钟。

③将烤盘取出，将地瓜片翻面，再次刷上蜂蜜后送入烤箱，烤约5分钟后取出，撒上芝麻即可。

(8) 红薯馅饼

原料　红薯、面粉、食用油。

做法　①把红薯带皮蒸软，剥皮，趁热捣成泥；

②加干面粉，一起揉匀，捏成圆饼，大小可根据个人喜好而定。

③平底锅里放少许油，入饼，小火煎到饼两面变色，红薯饼就熟了。

 小贴士

　　加多少面粉是根据红薯所含淀粉的量而定的。一般来说，250克红薯差不多要加100克面粉。红薯饼还可以做成夹心的。

(9) 红薯汤

原料　红薯、生花生米、食用油、姜片、红糖。

做法　①红薯去皮切成小块，放入冷水中泡一会儿，去除淀粉备用。

②生花生切成碎末，过油稍微炸一下，炸出香味后，放一点儿姜片爆炒几秒钟，取出备用。

③锅内加水，放入红薯，大火煮开，放入炸好的花生米、红糖，再煮10分钟左右即可。

 小贴士

　　花生增添汤的香味，姜起顺气的作用。红薯吃多了会胀气，把姜放在汤里，喝汤吃红薯就不容易胀气了，特别好消化。

4. 饮食宜忌

（1）番薯最好不要带皮吃。番薯皮含碱多，食用过多会引起肠胃不适，特别是冬天的番薯如烤得时间过长，里面会含有丙稀酰胺等对身体不好的物质。

（2）番薯不宜空腹吃或生吃。番薯中膳食纤维、淀粉含量高，不容易被消化利用，空腹或生吃容易反酸、烧心。

（3）番薯缺乏蛋白质和脂肪，因此不要单独作为主食，最好与其他食品（粗粮、肉类、蔬菜、水果等）搭配着吃，才不会营养失衡。

（4）番薯淀粉含量高、吸油能力很强，应避免油炸或者加糖的烹调方式，以免带给机体过高的能量，应采用蒸、煮为宜；煮紫薯时在水里加点醋或挤几滴柠檬汁，可减少花青素的流失。

（5）糖尿病人要吃新鲜刨出的番薯，蒸着吃，而且最好选择紫薯。

（6）每天吃番薯不要超过150克（三两）；番薯在胃里的排空时间长，晚上吃容易反酸、难受，最好选择在中午吃。

再好的食物，也不能天天吃，再多的保健效果也不能治病，所以大家一定得合理搭配，适量食用。

【食物相克】

番薯和柿子不宜在短时间内同时食用，食用时间应该至少相隔5个小时以上。如果同时食用，番薯中的糖分在胃内发酵，会使胃酸分泌增多，和柿子中的鞣质、果胶反应发生沉淀凝聚，产生硬块，量多严重时可使肠胃出血或造成胃溃疡。

（三）　木薯

1. 食以人分

木薯含有的有毒物质为亚麻仁苦苷，如果摄入生的或未煮熟的木薯或用木薯煮的汤，都有可能引起中毒。因为亚麻仁苦苷或亚麻仁苦苷酶经胃酸水解后产生游离的氢氰酸，从而使人体中毒。要防止木薯中毒，可在食用木薯前去皮，用清水加热煮薯肉，使氰苷溶解，煮后用清水泡一个晚上。经过这样加工后的木薯是可以放心食用的。鲜木薯含淀粉多，易变质，需尽快食用。

许多人吃了木薯后可能会出现一些不良症状，如恶心、呕吐、腹痛、头痛、头晕、心悸、脉快、无力、嗜睡等，肠胃不好的人不建议多吃。因为一些微量的毒素没有被消灭，肠胃不好的人吃了后会出现不良反应。另外，孕妇和婴幼儿也最好不要吃木薯，因为木薯是中国植物图谱数据库收录的有毒植物，且全株有毒，尤其是以新鲜块根毒性较大。

2. 花样食谱

木薯饼

原料 木薯1个，日式太白粉1匙，玉米粉1匙，树薯粉2匙，盐适量。

做法 ①先将木薯用电锅蒸熟，再用叉子略压，加入少许盐和日式太白粉。

②将玉米粉和树薯粉混合，再将木薯捏成饼状并两面都沾干面粉。

③用油将两面煎焦黄即可。

3．饮食宜忌

木薯忌与柿子同吃，同时食用可使肠胃出血或造成胃溃疡。

（四）山药

山药是《中华本草》收载的草药，药用来源为薯蓣科植物山药干燥根茎。山药具有滋养强壮，助消化，敛虚汗，止泻之功效，主治脾虚腹泻、肺虚咳嗽、糖尿病消渴、小便短频、遗精、妇女带下及消化不良的慢性肠炎。

山药

1．食以人分

（1）谁不适合吃山药

①便秘者。山药中含有丰富的淀粉，患有胸腹胀满、大便干燥、便秘者最好少吃，待这些症状缓解后可以再食用山药。

②糖尿病患者。虽然说山药含有的黏液蛋白有降低血糖的作用，但山药属根茎类食物，淀粉量较高，如果过多食用反而不会降低血糖，而会导

致血糖升高。因此，患有糖尿病的人不可一次吃过量的山药，如果某些患者偏爱食山药，那么应适当减少主食的量，否则就会适得其反。

③爱吃火锅的人。山药本身是一种补药，在吃火锅时，加上麻辣小料的作用，使性平的山药带有一定的热性，容易让人上火，因此，在吃火锅时，最好少吃山药。

④正在服用小苏打等碱性药的人。在吃山药时，不要同时服用小苏打片等碱性药物，以免小苏打使山药中的淀粉酶失效。

⑤前列腺癌、乳腺癌患者。山药中含有的薯蓣皂苷成分在人体内可以合成激素，如睾丸激素和雌性激素。因此，对于男性患有前列腺癌、女性患有乳腺癌的病人来说都不宜食用。

（2）谁适宜经常吃山药

①脾虚腹泻者。山药健脾厚肠，能够增强肠胃的活力，促进消化吸收，同时，还能减少腹泻，使人排便正常。如果长久腹泻者，每天早上坚持喝一碗山药粥，一个月左右腹泻便会消除。

②肺虚咳嗽者。肺阴虚患者，多会表现出热症，所以山药最好生吃，比如榨汁喝，因为生山药性凉，滋补肺阴的同时还具有清热，缓解肺部、嘴和喉咙的燥热等作用。

③希望减肥的美女、帅哥们。山药因为营养丰富且热量低，其中还含有大量的粗纤维，容易增加人的饱腹感，因而可以起到控制进食欲望的作用，从而达到瘦身的目的。

④胃溃疡患者。现代药理研究证明，山药中所含尿囊素有助于胃黏膜的修复，喜欢用山药来进行食疗者，可用鲜山药制成山药扁豆糕或小米山药糕，蒸熟后食用。

⑤男女肾亏者。山药中含有多种营养素，有强健机体，滋肾益精的作

用。对于男士肾亏遗精、妇女白带多、小便频数等症，都可以通过吃山药来治疗。

| 药用价值 |

山药，人类自古食用，是人类食用最早的植物之一。早在唐朝诗圣杜甫的诗中就有"充肠多薯蓣"的名句。山药块茎肥厚多汁，又甜又绵，且带黏性，生食热食都是美味（周成河，2004）。现代科学分析，山药的最大特点是含有大量的黏蛋白。黏蛋白是一种多糖蛋白质的混合物，对人体具有特殊的保健作用，能防止脂肪沉积在心血管上，保持血管弹性，阻止动脉粥样硬化过早发生；可减少皮下脂肪堆积，能防止结缔组织的萎缩；预防类风湿关节炎、硬皮病等胶原病的发生。

其所含的多巴胺，具有扩张血管、改善血液循环的重要功能，该成分在治疗中占有重要位置。

山药是山中之药、食中之药。不仅可做成保健食品，而且具有调理疾病的药用价值。《本草纲目》指出：山药治诸虚百损、疗五劳七伤、去头面游风、止腰痛、除烦热、补心气不足、开达心孔、多记事、益肾气、健脾胃、止泻痢、润毛皮，生捣贴肿、硬毒能治；《医学衷中参西录》中的玉液汤和滋培汤，以山药配黄芪，可治消渴、虚劳喘逆，经常结合用枸杞子、桑葚子等这些药食同源的中药材做茶泡饮，可补肾强身，增强抵抗力，可以起到较好的保健养生功效。山药有如下作用：

(1) 降血压

中药六味地黄丸、八味地黄丸、归芍地黄丸等，都是有山药配成的有名方剂，不仅用于治疗肾虚病症，还用于治疗高血压、糖尿病、哮喘、神经衰弱和腰痛等病症。

（2）延缓衰老

山药能使加速有机体衰老的酶活性显著降低。含山药的八味地黄丸，主治产后虚汗不止。保元清降汤、保元寒降汤，可治吐血和鼻出血；寒淋汤和膏淋汤，可治淋虫。山药还可治肺结核、伤寒及妇女病等，这都有利于延年益寿。

（3）抗肿瘤作用

山药块茎富含多糖，可刺激和调节人类免疫系统。因此常作增强免疫能力的保健药品使用。山药多糖对环磷酰胺所导致的细胞免疫抑制有对抗作用，能使被抑制的细胞免疫功能部分或全部恢复正常。山药还能加强白细胞的吞噬作用。

（4）可治皮肤病

山药中所含的尿囊素具有麻醉镇痛的作用，可促进上皮生长、消炎和抑菌，常用于治疗手足皲裂、鱼鳞病和多种角化性皮肤病。

 小贴士

山药皮中所含有皂角素或黏液里含有植物碱，接触后会使人皮肤过敏而发痒，故处理山药时应避免直接接触。

2. 花样食谱

（1）山药萝卜粥

原料　糯米、大米、山药、萝卜、香菇、葱花、姜片。

做法　①糯米和大米洗净，清水中浸泡10分钟。

②山药去皮切段泡水，萝卜去皮切小块，香菇洗净切丁。

③锅中水烧开，放入萝卜和香菇焯烫片刻。

③大米、萝卜、山药、香菇放入电压锅中，加入适量热水。

⑤加盖按下"营养饭-煮粥"键。

⑥炖煮时间到，加盐调味，再加几滴香油拌匀，盛碗中撒上葱花即可。

功效　山药萝卜粥是一款咸粥，味美清淡。山药滋养强壮，助消化，跟萝卜一起做粥，糯糯的，又营养又好消化。

（2）玫瑰山药泥

原料　山药500克，玫瑰花茶1小把，奶粉2大勺，细砂糖2大勺。

做法　①山药去皮，入锅蒸熟，放入盆中。

②将山药碾成泥，趁热放入干玫瑰花、适量奶粉和细砂糖。

③搅拌均匀，用模具造型即可。

功效　这款甜点做法简单，但是味道很好。山药口感细密绵软，口味清
甜，夹杂着点点玫瑰花瓣，不仅可以健脾除湿气，还能美容养颜。

(3) 山药炒羊肉

原料　羊肉200克，山药1根，香芹2根，红尖椒2个，食盐半勺，姜3克，蒜5瓣，料酒1大勺，生抽1大勺，老抽半勺，香油1小勺，大葱1段，植物油和白胡椒粉适量。

做法　①将羊肉切成片，香芹切段，葱、姜、蒜切片，红椒切圈。

②将山药去皮切厚点的片，入开水锅中焯10秒捞出备用。

③锅入油加热，下入羊肉片炒断生后立刻盛出。

④净锅再入油，炒香葱、姜、蒜，下入羊肉片、香芹段、红椒圈翻炒片刻。

⑤加入料酒和山药，快速加入生抽、老抽、盐和白胡椒粉，大火炒匀，最后淋入香油即可。

功效　羊肉是很好的温补食材，对咳嗽、慢性支气管炎、虚寒哮喘都有一定的治疗和补益效果。羊肉做得不好容易有羊膻味，这道菜中加了白胡椒粉和辣椒，不仅去除了羊膻味，而且很下饭。

（4）拔丝山药

原料 山药、冰糖、香油、食用油、桂花、芝麻。

做法 ①山药刮去皮切滚刀块，冰糖碾碎成面儿，盘中涂上少许香油。

②锅内入油烧至五成热，放入山药炸至金黄，皮脆里熟，倒入漏勺内。

③锅内留油少许，放入冰糖和一匙清水，加桂花卤熬糖。

④待糖汁表面的大气泡变小，糖已经开始变微微有点浅红色时，马上将炸过的山药、芝麻倒入锅中搅动，用糖汁将山药包匀，倒入涂油的盘中，迅速上席即可。

（5）琉璃山药

原料 山药、生粉、食用油、白糖、桂花。

做法 ①将去好皮的山药切块，放入清水，泡去黏液。

②将山药沥干水分，表面裹上一层生粉。

③准备小半锅油，烧至七成热，下入山药，炸至微黄盛出。

④锅内热油，加入少许白糖，倒入少量清水，煮至发黄起泡后，倒
入山药，均匀翻炒，裹上糖汁，即可盛入盘中。

⑤最后撒上适量桂花，就可以品尝了。

(6) 糖桂花紫薯山药糕

 铁棍山药200克,紫薯2个,糖桂花、炼乳适量。

做法 ①山药和紫薯洗干净去皮。

②放入蒸锅中蒸20分钟。

③把山药和紫薯一起放入保鲜袋,用擀面杖压成细泥,然后擀成有厚度的饼状。

④接着切块,排一层,撒一层糖桂花和炼乳。

⑤最后装盘成型。

⑥也可以用模具切出形状,撒上炼乳和糖桂花。如果不嫌麻烦也可以把糖桂花加水上锅熬一下,加少许淀粉勾芡汁,浇在糕上面。

(7) 山药枸杞煲羊排

原料 羊排300克，山药200克，枸杞15克，胡萝卜100克，大葱、姜片、料酒、花椒、盐、胡椒粉适量。

做法 ①将羊排剁成小块，胡萝卜切滚刀块，大葱切段，山药去皮切滚刀块后泡水。

②将羊排小块入冷水锅中，氽烫去浮沫后捞出。

③另起锅加入开水，下入氽烫过的羊排和葱段、姜片、料酒及花椒数粒，大火烧开后小火慢煲40分钟。

④加入山药、胡萝卜和少量盐，继续煲15分钟。

⑤最后加入枸杞5分钟后起锅，撒上少许胡椒粉即可。

（8）红烧肉炖山药

原料　五花肉200克，猪后尖肉200克，山药300克，油、盐、冰糖、红烧酱油、葱、姜、八角、桂皮、干辣椒、料酒适量。

做法　①将五花肉和后尖肉洗净，切块，入开水中焯一下，捞出备用；山药洗净去皮，切成滚刀块，备用。

②山药下入油锅煎成金黄，备用。

③锅中加入少量的油，下入焯好水的肉煸炒。加入葱、姜、八角、桂皮和辣椒，继续煸炒至出香味，肉色微黄。

④加入冰糖转小火，煸炒至上糖色，烹入料酒，加入酱油，煸炒均匀。

⑤加入开水，没过肉，大火烧开，转小火炖焖40分钟。

⑥加入盐和煎炸好的山药，再炖焖30分钟，转中火，烧至汤汁浓缩即可。

(9) 香菇山药炒肉片

原料 山药300克，香菇8朵，里脊肉200克，青椒1个，油、葱、盐、白糖、料酒、生抽、淀粉、鸡精、香油、姜适量。

做法 ①里脊肉切肉片，加入料酒、糖、生抽、淀粉抓拌均匀。

②鲜香菇剪去蒂，开水煮上2分钟后切条；山药切片，青椒切菱形块，备用。

③炒锅内倒油，爆香葱姜，倒入肉片，翻炒变色后盛出备用。

④底油放入香菇、山药翻炒，加入生抽、糖、盐。

⑤淋入少许冷水翻炒片刻，再放入青椒、肉片翻炒均匀。

⑥加少许鸡精，淋入香油，翻炒均匀后关火，即成。

（10）清蒸山药肉丸

原料 猪肉末300克，山药1/2根，胡萝卜1/2根，虾仁15个，香葱4根，姜1块，鸡蛋1个，木薯粉、盐、酱油、胡椒粉适量。

做法 ①肉末加虾仁、山药、葱姜末剁碎。

②加入盐、酱油、胡椒粉、蛋清、木薯粉，彻底搅拌到有黏性。

③用手取一块双手反复摔打至黏合紧实成圆形肉丸。

④胡萝卜切片垫底，放上肉丸，上锅蒸20～30分钟（压力锅10分钟），即成。

3. 饮食禁忌

① 山药有收涩的作用，故大便燥结者不宜食用，另外有实邪者也忌食山药。山药比较容易发霉，特别是煮熟的，只能在冰箱里保存1天。

② 山药与猪肝忌同食。山药富维生素C，猪肝富含铜、铁、锌等金属微量元素，维生素C遇金属离子后会加速氧化而破坏，降低了营养价值，故食猪肝后，不宜食山药。

③ 山药与黄瓜、南瓜、胡萝卜、笋瓜忌同食。黄瓜、南瓜、胡萝卜和笋瓜中皆含维生素C分解酶，若与山药同食，维生素C则被分解破坏。

| 山药好搭档 |

山药+乌鸡：补脾益肾；

山药+扁豆：补脾益肾；

山药+胡萝卜：健胃补脾；

山药+莲子：健脾补肾；

山药+牛肉：补虚养身，健脾开胃。

（五）芋头

芋头营养价值近似于马铃薯，又不含龙葵素，口感细软，绵甜香糯，易于消化又不会引起中毒，是一种很好的碱性食物。它既可作为主食蒸熟蘸糖食用，又可用来制作菜肴、点心、因此是人们喜爱的根茎类食品。

1. 应季饮食

芋头是秋冬季节养生滋补的佳品，似玉如脂的芋头成为人们餐桌上的一道时鲜美味。芋头浑身是宝，茎、叶、花均可食用。食用方法也很多，蒸、煨、烧、烤、炒、炸、煎、煮、焖、炖均可，能烹制成各种各样、芳香爽口的美味佳肴。

鲜芋头

2. 食以人分

芋头中富含蛋白质、钙、磷、铁、钾、镁、钠、胡萝卜素、烟酸、维生素C、B族维生素、皂角苷等多种成分，营养丰富。芋头主要功效有以下几点：

(1) 可解毒消肿

芋头含有一种黏液蛋白，被人体吸收后能产生免疫球蛋白，或称抗体球蛋白，可提高机体的抵抗力。

(2) 可调节酸碱平衡

芋头为碱性食品，能中和体内积存的酸性物质，调整人体的酸碱平衡，产生美容颜、乌头发的作用，还可用来防治胃酸过多症。

(3) 可调补中气

芋头含有丰富的黏液皂素及多种微量元素，可帮助机体纠正因微量元素缺乏导致的生理异常，同时能增进食欲，帮助消化。中医认为芋艿可补益中气。

(4) 洁齿防龋

芋头所含的矿物质中，氟的含量较高，具有洁齿防龋、保护牙齿的作用。

(5) 美容乌发

芋头为碱性食品，能中和体内积存的酸性物质，协调人体的酸碱平衡，达到美容养颜、乌黑头发的效果，还可以用来防治胃酸过多。

另外，有痰、过敏体质（患荨麻疹、湿疹、哮喘、过敏性鼻炎）者，小儿食滞、胃纳欠佳以及糖尿病患者应少食；食滞胃痛、肠胃湿热者忌食。

3. 花样食谱

(1) 杭州小香芋

原料　香芋、干香菇、芹菜、猪肉、白芝麻、盐、鸡精、香油。

做法　①将香芋煮熟，剥去芋皮，碾成芋泥。

②猪肉切细丁，加盐、酒腌一会。

③香芋泡发后煮熟，切小丁；芹菜洗净，切细段；白芝麻炒香，备用。

④热油锅，先煸香菇，再加肉丁翻炒。

⑤等香味出来后，放芹菜、盐、鸡精，炒入味。

⑥将炒好的料浇在香芋泥上，撒上炒香的白芝麻，放微波炉中加热30秒，淋上点香油，吃时搅匀即可。

（2）桂花芋泥太极羹

 芋头、桂花、白糖（或蜂蜜）、牛奶。

做法 ①将芋头洗净，煮熟，剥去芋皮,然后切成小块，放料理机里搅成芋泥。

②锅里清水煮开，放入芋泥，加点牛奶搅匀。

③盛出后撒上白糖（或蜂蜜）和桂花，吃时搅匀即可。

（3）脆香炸小芋

原料 小芋头500克，炸粉30克，面包糠20克，油10毫升，盐3克，五香粉1克。

做法 ①小芋头洗净，放入锅中，加适量的清水，煮熟。

②将煮熟的小芋头去皮，用竹签串起来。

③撒上盐、五香粉，均匀裹上炸粉，再均匀沾上面包糠。

④锅中倒入油，烧热，放入芋头炸出金黄色时捞出，沥干油即可食用。

(4) 芋头糕

原料　芋头、油、盐、米粉、水、肉末。

做法　①芋头切成小丁。锅里下油，将芋头下锅炒一下，然后加一点盐、水焖熟。

②先用清水把米粉调开，成糊状，再用开水冲到糊里面，拌匀，成为生熟浆。

③把芋头倒进浆里，喜欢吃肉的朋友，还可以加点炒香的肉末拌匀。

④将调好的芋头和粉浆一块倒进容器里，上锅蒸30分钟左右即可，待凉后切块食用。

(5) 芋头扣肉

原料　芋头、五花肉、八角、老抽、蜂蜜、腐乳汁、油、盐、大蒜、淀粉。

做法　①芋头去皮后切稍厚的片，大蒜切碎，备用；五花肉洗净放入汤锅中，加入八角，煮至七成熟后捞出。

②用牙签在煮好的肉上扎一些小孔，用5毫升左右老抽均匀地涂抹五花肉表面，切片，备用。

③将盐、蜂蜜、老抽、腐乳汁、油和大蒜碎混合成调味汁备用。

④将芋头片和肉片在调料中拌匀，使每片尽可能涂匀调料。

⑤将拌好的芋头和肉片每层间隔着整齐地码放在碗里，上锅蒸30分钟。

⑥蒸好后，另起锅将水淀粉加热勾芡，浇至刚才蒸好的芋头扣肉上即可。

(6) 芋头烧排骨

原料   芋头、排骨、姜片、花椒、八角、胡萝卜、酱油、淀粉、鸡精、盐。

做法   ①排骨沸水中焯一下，捞出备用。

②取一只砂锅，放清水烧开（水不用太多），再放入焯好的排骨，放点姜片、花椒、八角，先不要放盐，小火煮40分钟左右。

③放入切成块状的胡萝卜，这时候可以加适量盐以便食材入味，煮5分钟左右，再放入芋头块。

④10分钟后，胡萝卜和芋头熟透，剩少许汤汁。

⑤取剩余汤汁，加酱油、鸡精等个人喜欢的调味料，调淀粉水做成芡汁淋上，小火滚至汤汁浓稠即可。

4．饮食宜忌

(1) 芋头烹调时一定要烹熟，否则其中的黏液会刺激咽喉。

(2) 香蕉与芋头忌同食，否则会使胃不适，胀痛。

(3) 有痰、过敏体质、小儿食滞、胃纳欠佳以及糖尿病患者应少食芋头；食滞胃痛、肠胃湿热者忌食芋头。

（六）豆薯

1．应季饮食

豆薯又被人们称为凉薯，秋季末成熟，这种食物既可以生吃也可以煮熟之后食用。豆薯成熟期很长，几乎是从9月初到11月中下旬都有新鲜的凉薯。凉薯一般在种植后4个月便会开始生长地下块茎，在地下待的时间越长，水分就会越重，口感也会越甘甜。豆薯是有一层皮的，在食用之前必须将皮去除之后才可以进行食用，不可以连皮一起食用，因为皮的部分没有营养。

2．食以人分

豆薯对我们的身体有诸多好处，但是在食用它的时候，注意不要过量食用，过犹不及。

豆薯性质寒凉，体质偏寒、受凉腹泻、脾胃虚寒、大便溏薄者及糖尿病患者不宜多吃；女子月经期间及寒性痛经者也不宜食用。

3．花样食谱

（1）木耳豆薯排骨汤

原料

黑木耳养生露200毫升，豆薯1/2颗，排骨1块，盒水200毫升，米酒50毫升，食盐适量。

 做法

①准备黑木耳养生露、排骨块与豆薯等料理食材。

②排骨块放入滚水中氽烫至肉色由红转白后捞出，以便去除血水。

③豆薯用清水洗净去皮后，分切成小块状后备用。

④将氽烫后的排骨块和已切成块状的豆薯丁，一同放入电锅的内锅中。

⑤倒入黑木耳养生露、水与米酒，最后再放上些许食盐来调味。

⑥炖煮至熟即可。

🐦 小贴士

黑木耳养生露简易做法

1.原料：黑木耳（干）7～8朵，红枣约15颗，姜10克。

2.做法：先将黑木耳泡软、去蒂、切丝，姜切薄片，备用。再将黑木耳丝、红枣、姜片放入水中，开火煮沸后，转小火继续煮2小时，关火，置凉。最后将黑木耳丝捞出，用果汁机打碎后再放入锅中，继续小火煮1.5～2小时，即成。

(2) 豆薯粥

原料　粳米100克，豆薯200克，白砂糖15克，枸杞数颗，青菜几片。

做法　①将豆薯冲洗干净，撕去外皮，切成丁块。

②粳米淘洗干净，用冷水浸泡半小时，捞出，沥干水分。

③取锅加入冷水、粳米、豆薯块、青菜片，用旺火煮沸后，改用小火煮至粥成，加入白糖、枸杞调味即可。

4. 饮食宜忌

【忌】凉薯不能和鸡胸脯肉一起食用，否则会引起腹痛，甚至腹泻等不良症状，所以凉薯和鸡胸脯肉千万不可同食。

【宜】夏季伤暑、烦热口渴、感冒发热、头痛、烦渴、下痢、高血压、头昏目赤、颜面潮红、大便秘结的人以及饮酒过量、口干渴和慢性酒精中毒者适宜食用。

（七）　洋姜

1. 应季饮食

秋后正值洋姜块茎快速生长的时期，到11月份秋霜后挖取地下茎块，即可食用或上市。洋姜出土即可食用，鲜食可素炒，或配肉丝共炒，香脆可口，亦可用盐腌渍或拌剁辣椒、放泡菜，亦别有风味，可作佐餐小菜。

2. 食以人分

一般人群均可食用，尤其适合糖尿病、浮肿、小便不利者，伤风感冒、寒性痛经、晕车晕船者食用。

3. 花样食谱

(1) 凉拌洋姜

原料 鲜洋姜、食盐、醋、鸡精、蒜末、香油。

做法 ①将腌制好的洋姜洗干净，去蒂，切丝。

②把切好的洋姜放入碗中，加辣椒面、鸡精。

③锅中烧油，油热后，浇在辣椒面上。

④加适量盐、香油和一点点醋及蒜末，搅拌均匀，即可食用。

（2）小炒洋姜

原料　　洋姜200克，肉片100克，油、食盐、鸡精、葱、料酒、蚝油适量。

做法　　①洋姜清洗干净，切片，葱切丝，肉片用料酒、盐拌一拌，待用。

②上油锅，下葱炝锅；再放入肉片，翻炒。

③把肉拨到一边，放入洋姜，加料酒、鸡精、蚝油翻炒，用盐调味即可。

4. 饮食宜忌

因为洋姜易引起上火，所以温性、内热者不建议吃，容易引起便秘；凡有皮肤瘙痒性疾病、患有眼疾者少食或慎食洋姜；孕妇不适合吃洋姜或尽量少吃。

（八）　魔芋

1. 应季饮食

生魔芋有毒，不能生吃，必须煎煮3小时以上才可食用。如果食用魔芋，建议大家购买经过加工的魔芋制品，例如魔芋豆腐、魔芋面条之类的，其经过减毒处理，食用安全。

2. 食以人分

一般人群均可食用，尤其是糖尿病患者和肥胖者的理想食品。魔芋性寒，因而部分人群不适合食用这一物质，包括以下几类人群：

（1）消化系统功能不好者

魔芋是一种较难消化的食物，消化功能不太好的人群应当尽量少食，以免对身体造成一些不利的影响。

（2）体质偏寒者

魔芋属性偏寒，因此，体质偏寒的人群过量食用魔芋对身体健康有一定不良影响，特别是对于体质偏寒的女性而言，可能还会导致宫寒、痛经的发生。

（3）孕妇

孕妇的体内孕育着新的生命，而魔芋虽然含有较多的营养物质，但是其性质偏寒，过量食用对孕妇体内胎儿生长发育有一定不良影响，应当引起注意。

3．花样食谱

（1）酸菜烧魔芋

原料　魔芋400克，酸菜150克，植物油1大勺，鸡粉1小勺，豆瓣酱15克，小葱3棵，老姜3片，大蒜4瓣，干辣椒3个，花椒15粒，胡椒粉半小勺，香醋5毫升，生抽5毫升。

做法　①魔芋洗净后切成条状；酸菜洗净，挤干水分后切碎；老姜、大蒜、小葱分别切末，备用。

②锅里倒入清水烧开，放入魔芋煮几分钟，捞出，沥干水分。

③将锅烧热，倒入适量植物油烧热，放入豆瓣酱炒香后，放入酸菜炒香。

④倒入适量清水，再放入姜末、蒜末，以及适量干辣椒、花椒、胡椒粉、香醋、生抽。

⑤汤汁烧开后，再继续煮3～5分钟，放入煮过的魔芋。

⑥魔芋煮熟并煮至入味后，调入适量鸡粉，翻炒均匀，起锅撒葱末，即成。

(2) 魔芋烧鸭

原料   鸭肉，魔芋，青蒜苗，泡姜10克，泡萝卜10克，红椒3个，花椒10
粒，大蒜4粒，啤酒约500毫升，豆瓣酱1勺，老抽1勺，盐少许，
冰糖2粒。

做法   ①青蒜苗、泡萝卜、泡姜分别切段，蒜略拍，魔芋切片，入沸水
中焯烫2分钟，捞出沥干；鸭肉洗净，斩成块，备用。
②炒锅内放适量油烧热，倒入鸭块，用中大火爆至发黄、亮油，
取出待用。
③炒锅内再倒入适量油烧热，爆香花椒、红椒、泡姜、泡萝卜、
蒜，调入豆瓣酱炒出红油，再加老抽、冰糖，翻炒均匀。
④倒入啤酒没过鸭肉，大火煮沸。
⑤下入处理好的魔芋，盖锅盖，转至小火焖烧1小时。
⑥待鸭肉软透时调入盐，大火收汁，撒入青蒜苗段即可。

4. 饮食宜忌

　　魔芋在中医看来，是一种发物，对于患有皮肤病的人来说，过量食用魔芋可能会加重患者的病情，因此，患有皮肤病的患者不建议食用魔芋这一食物。由于其膳食纤维含量丰富，胃肠道不容易消化吸收，故胃肠功能不佳、消化不良的人，每次食量不宜过多；膳食纤维摄入过多会干扰维生素、矿物质的吸收，从而引起营养缺乏，因此再好的东西大家也要适可而止。

（九）雪莲果

　　雪莲果含有大量水溶性纤维，果寡糖含量是干物质的60%～70%，还含有人体必需的氨基酸、钙、铁、锌等微量元素和丰富的矿物质，属低热量食品，具有清凉退火、清血解毒的功效。生吃可祛除青春痘、便秘，消炎利尿、清肝解毒、养颜美容，适合糖尿病人和减肥

雪莲果

者食用。若能在采摘后放两三天，可增加其甜度，凸显其汁多脆甜、肉质芳香的特色。

1. 应季饮食

　　雪莲果一般大量上市是在11月。买雪莲果要挑个小的、外面偏白的，

大的偏红的反而不好。雪莲果的块根含有丰富的水分与果寡糖，口感既甜又脆，也可以当作水果食用。

2. 食以人分

雪莲果是典型的保健型水果，其营养价值极为丰富，富含人体所需的20多种氨基酸及多种维生素、矿物质，特别是寡糖含量最高，能促进有益微生物的生长、提高免疫力。但是下列几类人群不宜食用雪莲果。

(1) 肠胃不好者

雪莲果属于性质大寒的东西，平时肠胃就不是很好的话，吃了它容易出现胃部寒冷、腹泻的情况。

(2) 过敏体质者

过敏体质的人不适合吃雪莲果，否则会出现中毒、腹泻、脱水的情况，尽管这个概率只是百万分之一，也不可忽视。

| 药用价值 |

可除寒、壮阳、调经、止血，治阳萎、腰膝软弱、妇女崩带、月经不调、风湿性关节炎及外伤出血等。

可调理血液，能降低血糖、血脂和胆固醇，预防和治疗高血压、糖尿病，对心脑血管疾病和肥胖症等也有一定疗效。

可帮助消化，调理和改善消化系统的不良状况。因雪莲果富含水溶性膳食纤维和果寡糖，所以能显著促进肠胃蠕动。

可润肠通便，不仅能消除便秘，还可防治下痢，是肠胃道疾病的克星。

最神妙之处还在于它是肠内双歧杆菌的增殖因子，克服了由于生活节奏紧张、过量使用抗生素等原因造成的双歧杆菌等肠内有益菌减少、失衡引起的系统疾病，可清除由食物带入人体内的环境污染物，是肠胃的清道夫和保护神。

可抗氧化，消除自由基，减少或避免结石症的发生。

可清肝解毒，降火、降血压，是有效防治面痘、暗疮和养颜美容的天然保健品。雪莲果另含有20种氨基酸和钙、铁、钾、硒等矿物质和微量元素，经常食用可提高人体的免疫力。

3．花样食谱

（1）雪莲果汤

原料　雪莲果1个，胡萝卜1根，牛腱250克，鸡爪两对，水1.5升。

做法　①牛腱、鸡爪加水先煮，水开后撇掉白沫。
②慢火熬煮1～1.5小时加入雪莲果和胡萝卜，再熬半小时即可。

功效　具有解毒、防暗疮、降脂调压和消滞润肠的作用。对胆固醇偏高者和糖尿病人还有食疗作用。

（2）雪莲果鸡汤

原料　雪莲果500克，老母鸡1只，姜3片，盐适量。

做法　①老母鸡洗净，斩成大块，放入沸水中焯一下，捞起沥干水。
②雪莲果去皮切成滚刀块，姜切片。
③砂锅内注入适量清水，放入鸡块、姜片大火煮沸，改小火煲1小时。
④加入雪莲果，再大火煮沸，小火煲半小时，加盐调味即可。

功效　有助消化，调理胃肠道、血液，清除高血脂等功效。

(3) 雪莲果炖排骨

原料 排骨4~5块、姜、胡萝卜、雪莲果、盐、料酒适量、蜜枣1~2个。

做法 ①排骨洗干净，晾干水备用，姜去皮切片（大概2~3片），雪莲果、胡萝卜洗干净去皮切块（雪莲果切块后表面会迅速氧化变黑，所以熬汤前建议用热水煮一下）。

②排骨和姜片下油锅，加入1茶匙料酒，煎至半熟备用。

③雪莲果、胡萝卜、排骨、蜜枣、姜放入锅内，加水中慢火熬2小时左右，加盐调味即可。

（4）雪莲果猪展汤

原料　　雪莲果、猪展、银耳、盐适量。

做法　　①雪莲果洗净，去皮切块。

②银耳用清水泡发，去蒂，撕成块状。

③猪展洗净、切块，氽水捞起。

④将8碗水倒入瓦煲内烧开，放入所有材料武火煮沸，转中小火煲

1.5小时，下少许盐调味饮用。

功效　　调理肠胃、降脂减肥。

(5) 荸荠雪莲果银耳汤

原料：荸荠、雪莲果、银耳、红枣、枸杞、山楂、冰糖。

做法：①银耳泡发，雪莲果、荸荠都去皮切块，丢水里。

②红枣洗净丢水里，也可放几片山楂进去。

③开火熬煮以上食材。枸杞洗净后待要起锅时再放，营养会保存得比较好。

④煮到银耳熟、红枣绵软时放冰糖，煮到冰糖化开即成。

功效：润肠通便、促进肠道蠕动、清除肠道垃圾，改善便秘、防止腹泻，改善肠胃功能。

4. 饮食宜忌

(1) 雪莲果不能与热性水果同食

雪莲果是一种凉性水果，因此它不能与热性的水果一起服用，比如荔枝、橘子、青果、大枣等，否则寒热交错容易刺激胃肠道，导致腹痛、腹泻。

（2）雪莲果不能与辛辣的食物同食

比如大蒜、辣椒等，辛辣食物与凉性的雪莲果一起食用以后，就会引起腹痛，还有可能导致肠胃炎。

（3）雪莲果不能与寒凉的食物同食

雪莲果作为一种凉性的水果，同样不能和太过寒凉的食物一起食用，如绿豆。如果食用的食物太过寒凉，也会导致胃肠道受刺激，引起腹泻，也会伤胃。

（4）雪莲果不能与高蛋白的食物同食

雪莲果有降血压、降血脂和利尿的作用，如果与高蛋白的食物，如牛奶、鸡蛋等食物一起食用的话，会影响蛋白在身体里的消化和吸收，长时间这样食用会引起腹泻，有些人甚至会出现低蛋白血症，所以雪莲果不能与高蛋白的食物同食。

 小贴士

1. 雪莲果和鲶鱼同食，有消水肿的作用。

2. 雪莲果含有一种化学成分，即单宁，又称鞣质。雪莲果被切开和去皮后，由于氧化作用，单宁中的酚类产生醌的聚合物形成褐色素，也就是黑色素。为了防止变色，可将去皮切开的雪莲果放在清水中浸泡，使其与空气隔绝，便可防止氧化变色。

四、

热知识、冷知识

1. 土豆可以带皮吃吗

日常生活中，人们习惯将马铃薯称作土豆。有数据显示，土豆皮中的营养物质也非常丰富。与土豆肉相比，烤土豆皮中含有与之几乎相同的热量、蛋白质、纤维等，含有30%～40%的维生素C、维生素B_6和维生素B_1，土豆皮中也富含88%的铁、40%的钾和镁。另有研究显示，

土豆需要去皮吗

紧贴土豆皮下层所含的维生素高达80%，远远高于土豆内部的肉，烤土豆、炖土豆都可以连皮一起吃。不过要做炒土豆丝之类的菜，不去皮就会影响口感。如果担心土豆上的泥洗不干净，也可以刮去薄薄的一层，不要削去太厚的皮。可以先把土豆放入热水中浸泡一下，再放入冷水中，然后拿钢丝球蹭，就能很容易地刮去薄薄一层。

可见，没有发芽变青的土豆，如果能薄薄地削去皮，自然是最为安全的；不削皮的土豆，如果吃得不是特别多，也不会有中毒问题。如果吃了发芽变绿的土豆，可就有相当大的中毒危险了。对于局部发芽变青的土豆，如果情况不太严重，只要厚厚地剜去芽眼，削去发青部分，仍然可以烹调食用。但是如果变青发芽的比例太大，则建议把土豆扔掉。

2．多吃薯类食物，可防便秘是真的吗

薯类最好用蒸、煮、烤的方式烹调，这样可以保留较多的营养素。尽量少用油炸方式，以减少食物中油和盐的含量。常见的薯类有番薯、马铃薯、木薯、芋头、山药等。番薯类蛋白质含量一般为1.5%，其氨基酸组成与大米相似，脂肪含量仅为0.2%。番薯中胡萝卜素、维生素B_1、维生素B_2、维生素C、烟酸含量比谷类高，红心番薯中胡萝卜素含量比白心番薯高。番薯中膳食纤维的含量较高，可促进胃肠蠕动，预防便秘。马铃薯含淀粉17%，维生素C含量和钾等矿物质的含量也很丰富，既可做主食，也可当蔬菜食用。木薯含淀粉较多，但蛋白质和其他营养素含量低，是一种优良的淀粉原料。薯类干品中淀粉含量可达80%左右，而蛋白质含量仅约5%，脂肪含量约0.5%，故具有控制体重、预防便秘的作用。建议适当增加薯类的摄入，每周吃5次左右，每次吃50～100克。

3．谨防土豆变"毒豆"，土豆要不要放冰箱储存

马铃薯"天生有毒"。它天然含有一类微量的含氮甾类生物碱有毒物质，叫做龙葵素，也称龙葵碱或茄碱，通常以糖苷形式存在。对于土豆来说，这种生物碱具有抗病、抗虫、抗霉菌作用，并起到防止其他动物啃食马铃薯幼芽的作用。在正常情况下，这种毒素在土豆中的含量非常非常低，不至于引起中毒问题。我国1995年发表的测定数据表明，毒素含量最低的是普通土豆的去皮部分，按鲜重计算，100克土豆肉中的含量仅有0.014克；如果要连皮一起吃，则含量稍高一点，为0.026克。不过，如果土豆变绿，则100克绿色部分的龙葵碱含量升高至0.156克，而发芽部分为0.179克。

可见，没有发芽变青的土豆，是最安全的；不削皮的土豆，如果吃得

不是特别多，也不用担心中毒问题。如果吃发芽变绿的土豆，可就有中毒危险了。

　　土豆的储藏还是有讲究的。土豆喜欢阴凉干燥的地方，所以，不适合放在温度过高的地方。一般适合储存在2～4℃通风阴凉的地方；在炎热的夏秋季节，土豆买来以后可以及时放在冰箱里。同时，最好用黑色或不透明的袋子包装起来，不要让它见光，免得土豆发芽，增加土豆毒素的含量。

4. 马铃薯升级为主粮，为什么

　　马铃薯耐寒、耐旱、耐瘠薄，适应性广，扩种潜力大，且富含淀粉、蛋白、膳食纤维、维生素C等营养与功能成分，是全球公认的全营养食品，是许多欧美发达国家居民的主食来源。

马铃薯

花样繁多的马铃薯产品(火烧馍、馒头、面包、面条及中式糕点)

马铃薯成为主粮

(1) 营养丰富，易储存

马铃薯是一种高产、适应性广的农作物，大米、小麦和玉米提供的营养成分，它都能提供，甚至更为优越。相比于其他三大主粮，马铃薯更易储存，马铃薯全粉可以贮存15年不变质，远高于其他粮食的储存年限。

(2) 适应广，亩产高

马铃薯等薯类作物的发展对环境的需求，比谷物对环境的需求低，利于缓解资源环境压力。同时，薯类的抗逆性比谷物更强，比如耐旱、耐高温和耐低温的性能。在对水资源的利用方面，马铃薯比其他谷物更节水。

高产的马铃薯

如果用干物质产量计算，马铃薯的产量比玉米、小麦更高，如小麦最高产量可达到每亩800多千克，而用干物质产量折算后，马铃薯的单位产量可达到1 000多千克。

(3) 增产潜力大,保障粮食安全

我国目前玉米、水稻、小麦的平均产量已经超过了世界平均水平,但因为耕地面积有限,增产的空间较小。而对于马铃薯来说,全国平均产量低于世界水平,是发达国家水平的1/3~1/2。我国人均年消费马铃薯也只有30千克,远低于欧美国家水平,且消费结构单一(王芳,2016)。可见,受耕地面积、水资源、气候变化等因素影响,小麦、水稻、玉米等传统粮食作物继续增产的难度越来越大,但马铃薯增产潜力远优于小麦、水稻和玉米等传统作物。此外,马铃薯还有很大的市场消费空间,只要加大对技术、品种、资金的投入,在不增加耕地面积的前提下,可以实现较大增产。

另外,马铃薯主粮化是对粮食绝对安全的重要补充,不是"雪中送炭",而是"锦上添花",顺应中国老百姓吃饱、吃营养、吃健康的需求。

5. 红薯叶有哪些营养保健功能

红薯是既健康又美味的食物,除了块根可以吃,红薯叶、红薯藤也可以做出美味的食物,而且还具有重要的药理作用和保健效果。其中红薯叶具有非常重要的营养保健功能,具有提高免疫力、降血脂等作用,主要表

红薯

红薯叶

现在以下几方面（张彧，2006）：

（1）降血糖作用

红薯叶中含有胰岛素样成分，利用其乙醇提取物进行大鼠体内实验，证明红薯叶可中等程度促进大鼠胰岛素的释放，并使血糖水平降低16.7%，菲律宾人就用红薯叶治疗糖尿病并且有一定的效果。

（2）抑菌作用

日本科学家山川理发现红薯叶具有抑制病菌增殖的作用，他认为可能是红薯叶中的果胶类物质抑制了病菌的繁殖。还有研究发现红薯叶的水提取物对大肠杆菌、枯草芽孢杆菌、金黄色葡萄球菌、白色葡萄球菌、普通变形杆菌等五种致病菌均有明显的抑制作用（谢丽玲，1996）。

（3）抗肿瘤作用

红薯茎叶内含大量的多酚物质，能预防细胞癌变，其乙醇提取物有一定的体内外抗肿瘤活性，具有抑制肿瘤生长的作用，进而引起肿瘤组织出血性坏死，对白血病有一定疗效。还有研究表明，从红薯中提取的花青苷可以预防直肠癌。

（4）增强血小板和止血作用

研究发现，红薯叶的粗制剂具有促进聚合细胞恢复及促进血小板形成的作用，红薯叶多糖制剂能够刺激低血小板动物血小板生产素的产生，具有明显的止血和增强血小板作用，而对正常动物没有任何毒副作用（李明义，1993）。

(5) 增强免疫力作用

红薯叶片药物对轻度损伤的肝功能有恢复作用，说明其具有一定的增强免疫作用，以特白一号红薯叶为主要原料制成的产品，具有提高免疫力的作用（台建祥，1998）。

(6) 降血脂、降胆固醇作用

红薯叶中含有一定量的水溶性膳食纤维，可以降低小鼠肝部胆固醇含量和血清中的血脂，并对脾虚和脾不统血症有良好的保健治疗作用。

(7) 预防贫血

每天摄取300克的红薯叶就可补充人体一天所需的铁质及维生素A、维生素C、维生素E。

6. 谣言伤了紫薯"心"，紫薯真是转基因的吗

现在市面上番薯的品种、颜色、形状、味道多种多样，因其不常见的体态和颜色，被误解为有转基因的嫌疑。呈现紫色是因为紫薯中含有花青素(Anthocyanidin)，这是自然界广泛存在于植物中的水溶性天然色素，属类黄酮化合物。也是植物花瓣中的主要呈色物质，花青素存在于植物细胞的液泡中，可由叶绿素转化而来。低温、缺氧和缺磷等不良环境也会促进花青素的形成和积累。在植物细胞液泡不同的pH条件下，使花瓣和叶片呈现五彩缤纷的颜色。秋天可溶糖增多，细胞呈酸性，在酸性条件下花青素呈红色或紫色，所以花瓣和叶片呈红紫色，这也是红叶出现在秋天的原因。紫薯不是转基因食品，而是人体抗衰老的好食品之一。

但为何过去市场上很少见到紫薯呢？这是由于农家紫薯一般产量较低，

番薯

紫薯

农民不爱种；紫薯有花青素异味，口感较差，市民不爱吃，所以市场上少见。近年来，人们开始注意食品营养，发现紫薯的营养价值很高，各地农业科研单位培育出了很多产量高、品质好的紫薯新品种，市场上紫薯就多了起来，而且价格也高于一般品种。

其实，天然植物本来就是形状多样的。同样一种东西，个头有大有小，色彩五颜六色。人们只看到一种大小、一种颜色的品种时，只是因为人类普遍种植这种品种而已。

7. 紫薯掉色正常吗

紫薯掉色正常吗
扫一扫，了解更多吃的科学

紫薯本身含有花青素，又叫紫色素，具有水溶性，是天然色素，对人体并无危害。煮紫薯的汤变成紫蓝色是正常现象，吃到嘴里会留颜色，是因为唾液将紫色素溶解的缘故。

紫薯中花青素含量比普通红薯要高，紫薯颜色越深说明花青素含量越高。如何解决紫薯遇水褪色问题？肖利贞认为，目前还没有更好的办法。他说："紫薯全粉做成面条、粉丝等产品，都可以用添加剂固色，但一旦把产品放在水中煮，紫薯接触到水就会掉色，紫薯里的花青素是天然水溶性色素，暂时没有办法解决。"

8. 为什么有卖烤红薯的，而没有卖烤紫薯或烤白薯的

　　冬季到来时，人们总想吃热乎乎的烤红薯，也就是烤地瓜，它们都是以黄肉番薯为原料烤制的，而很少选用白肉番薯或紫肉番薯。这主要是由于红薯的糖分较高，甜度大，烤出来后口感也比较甜。与白薯相比，红薯淀粉含量相对较低，口感不那么干，质地比较柔软。可溶性糖分和其中的少量蛋白质可以参加焦糖化反应和美拉德反应，生成呈香物质，使烤出来的红薯香气浓郁，散发着迷人的焦香气。烤熟的红薯薯肉呈金黄色，是人们普遍接受和容易引起食欲的颜色，且薯肉略显透明，口味可口诱人，故深受人们喜爱。

　　不选白薯作为烤制的原料是因为它糖含量少、蛋白质含量低，烤制的白肉番薯甜味低、香气不浓，且淀粉含量高、口感较干而不易引起人们的食欲。相对而言，紫薯的营养成分比红薯更全面、丰富，淀粉含量也较低，虽然也适合烤制，但蛋白质含量较高，高温烤制会产生更多的杂环胺，成品颜色也与传统的烤红薯差异较大，且紫薯价格较高，成本较大，这些可能是紫薯不被选做烤薯原料的原因。

烤红薯

烤箱法烤红薯

9. 马铃薯发芽变青后不能吃，那么红薯发芽了还能吃吗

马铃薯属于茄科植物，天然含有一类甾类生物碱，该生物碱属于类固醇糖苷生物碱，是一种具有生物活性的化合物，主要为龙葵素，具有抗真菌、抗细菌、抗肿瘤、抗疟、强心、降低血液胆固醇、预防鼠伤寒沙门氏菌感染、果蔬保鲜等作用，这种生物碱具有一定的毒性，是马铃薯自我保护的"武器"，具有抗病、抗虫、抗霉菌作用，并能起到防止其他动物啃食马铃薯幼芽的作用，帮助植物抵抗和防御外界有害物的入侵（王旺田，2017）。但龙葵素对人的运动中枢及呼吸中枢有麻痹作用，会让人感觉到头晕、恶心、腹泻等，严重时会发生昏迷、抽搐，甚至死亡（段光明，1995）。

表皮变绿和发芽的马铃薯，其芽眼及幼芽部分的龙葵素的含量剧增，如果大量食用这种马铃薯就可能引起急性中毒。局部发芽变青的马铃薯，只要厚厚地削去芽眼和发青部分，并在清水中浸泡，仍然可以烹调食用。但是如果发芽变青的比例较大，则建议直接扔掉，不要再食用。

而与马铃薯不同，红薯属于旋花科，本身没有龙葵素等生物碱毒素，

发芽变绿的土豆

发芽的红薯

发芽也不会产生有毒物质，但发芽过程会消耗红薯的营养物质，使红薯变得干瘪，在红薯食用时可能口感变差，但不会产生毒性。

10．为什么吃红薯会反胃烧心？怎么吃可以不烧心

很多人吃红薯后会有反胃、烧心的症状。

为什么会出现烧心的感觉呢？烧心是一种位于上腹部或下胸部的烧灼样的疼痛感，同时伴有反酸的症状。过多食用甜食会使胃酸分泌增加，出现反酸，而红薯淀粉中支链淀粉含量较高，在口腔经唾液淀粉酶初步消化后产生葡萄糖，甜食促进了胃液的分泌，进而出现胃酸反流，产生烧心的感觉。此外，红薯中含有一种氧化酶，这种酶容易在人的胃肠道里产生大量的二氧化碳，如果红薯吃得过多，会使人腹胀、打嗝、排气，引起胃酸反流。

因此，要正确掌握红薯的吃法，才能减少类似于烧心的这种副作用。那么，红薯应该怎么吃呢？

(1) 食用适量

一次性吃得太多，容易产生更多的胃酸，就会出现烧心、反酸或腹胀等不适症状。因此每次适量食用红薯可减轻不适感觉。

(2) 削皮吃

如果红薯储藏不当，会在皮上出现褐色或黑色的霉斑，容易出现毒素，食用后会引起胃肠不适或中毒症状。削皮吃就可以减轻不适症状。

（3）蒸熟、煮透

可以利用高温蒸汽把大部分的酶破坏掉，吃后可以减轻腹胀、烧心、打嗝、反胃、排气等不适的感觉。

蒸红薯

（4）食用前进行预处理

用少量的碱或明矾、食盐水溶液浸泡生红薯，然后再加工成熟食，也可以减少食用红薯后的不良反应。

（5）搭配食用

红薯和米面搭配食用，以大米、馒头为主，辅以红薯，从而起到蛋白质的互补作用，同时再配点咸菜或鲜萝卜等一起吃，既调节了食品的口味，又可以减少胃酸的产生，消除胃肠的不适感。

（6）不与柿子同食

因为红薯会造成体内胃酸分泌增多，胃酸易与柿子中含有大量的鞣质、果胶发生沉淀凝聚，产生硬块，严重时可使胃肠出血或造成胃溃疡。

11．久置的红薯为何比新挖的红薯甜

红薯在生长过程中积累了很多水分和淀粉，糖分含量相对较少，所以刚挖出来的红薯不会太甜。但红薯放久了，水分逐渐减少，皮上起了皱纹，就会比新挖出的红薯更甜。这主要有两个原因：一方面红薯放久了，红薯块根的水分因蒸发减少，红薯中的游离糖分浓度增加；另一方面是红薯在放置的过程中出现了糖化，红薯内淀粉发生水解反应生成糖，使红薯内的糖分浓度增加。因此，人们会感到放置久的红薯比新挖出土的红薯要甜。

12. 木薯为什么在国内不受重视

木薯，可供食用、饲用和工业上开发利用，世界上木薯全部产量的65%用于人类食物，全世界约有8亿人以木薯块根为主食，是热带湿地低收入农户的主要食用作物。但是在国内，马铃薯已变成中国第四大主粮，烤红薯满大街都是，紫薯也被众多消费者看作营养非常全面的食品而被热捧，山药也因是常见的药食同源食物而被消费者所喜爱，唯独木薯，远没有其在国外那样受到重视。这是为什么呢？

木薯

(1) 用途不同，消费量不同

在中国，木薯是我国重要的淀粉和能源作物，主要被用作饲料和提取淀粉，每年约有70%的木薯用来加工淀粉，而用于食用的木薯较少，但马铃薯和红薯等薯类多数被看作主食或家常菜而出现在大家的日常餐桌上。从淀粉的结构组成角度看，玉米淀粉占据了整个淀粉市场的90%左右，其次是木薯淀粉，约占淀粉市场的5%。随着煤、石油、天然气等不可再生能源的日渐枯竭，木薯作为一种生物质燃料酒精的原料，越来越为产业界所重视，产业规模不断扩大（梁海波，2016）。

(2) 种植面积较小

2004-2013年，全国木薯收获面积总体呈现缓慢减少的趋势，10年间

从40.73万公顷降为37.17万公顷，减少了8.74%。

(3) 研究深度低和范围窄

科研人员更热衷于研究产量高、营养丰富、口感舒适、分布广泛的马铃薯的育种、栽培、加工工艺及其系列产品，却较少研究产量低、分布窄的木薯，导致木薯产业不断受到影响和挤压。

13. 削山药为什么会引起皮肤瘙痒？该如何防止瘙痒

许多人都有过削完山药后手面、手臂疼痒难耐，皮肤过敏的经历，怎么清洗都难受，一般持续半天或者一天时间后症状自动消失。那么，这究竟是什么原因呢？目前认为，当皮肤接触了山药皮所含的皂角素或黏液里所含的植物碱后，会产生接触性皮炎，即我们常说的皮肤过敏，因而出现瘙痒症状，如果皮肤出现皲裂或有破损时，更容易出现刺痛反应。

那么，如何避免或减轻山药所引起的皮肤瘙痒呢？

山药

去皮的山药

（1）大量清水冲洗后可在手上涂抹食醋，连指甲缝里也别落下，过一会儿这种瘙痒感就会渐渐消失。

（2）手放在火旁边烤痒的部位，并反复翻动手掌，让手部尽可能均匀地受热，以分解渗入手部的皂角素。但要注意安全，避免烧伤皮肤。

（3）在瘙痒处涂抹花露水或风油精也可以缓解瘙痒，但可能会在瘙痒处产生热辣感。

（4）可将山药在开水中泡30分钟后取出再刮皮，以减少过敏现象。

此外，如果皮肤很痒的话，千万不要到处乱抓，这样会引得别的地方也出现瘙痒，或者抓破了皮肤，处理起来就更麻烦。

14. 如何把每根山药都"吃干榨尽"

山药是很受市民喜爱的一种食材，但很多人并不知道，在种植山药的过程中会产生超过10%的边角料。这些边角料没人要，过去都用来喂鸡、喂猪；后来家畜也不吃了，就随手丢掉。随着对山药深加工生产线的建立，山药边角料成了有用的原料，用于生产山药曲奇、山药果酥、山药脆片等系列产品，同时也建立了山药面条、山药豆腐乳、

山药

山药麦片等生产线。目标是把每一根山药都"吃干榨尽"。

15. 冬季多给孩子吃芋头能提高免疫力，靠谱吗

芋头果实

抵抗力不好的孩子在换季时节很容易感冒。一些小朋友感冒发炎之后，淋巴出现肿胀，感冒发炎症状减轻之后，大部分时候肿胀还会存在，可以在稀饭里加一些芋头，消肿的效果非常好。

芋头是根茎类碱性薯类食物，含有淀粉、蛋白质、膳食纤维、维生素B_1、维生素B_2、维生素C、钙、磷、铁等多种营养成分，既是食物，又是药物，是营养性食疗非常好的食物之一。特别是芋头中含有的黏液蛋白，被人体吸收后能产生免疫球蛋白，可提高机体的抵抗力，故中医认为芋头有补气益肾、软坚散结、化痰和胃、消肿镇痛等功效，对人体的痈肿毒痛有抑制消解作用。所以，冬季，如孩子感冒发炎，症状减轻后，给孩子多吃芋头，不仅味道好，孩子喜欢吃，而且消肿效果真的非常不错。

16. 去皮芋头用二氧化硫漂白后安全吗？削皮后的芋头是越白越好吗

芋头虽好吃，但皮难剥，尤其是剥不好还会弄得手奇痒难耐，所以，有商家就卖起了去皮的芋头。去皮芋头，也就是俗称的芋头"净菜"，吃起来更方便。但是芋头在去皮后，表层跟空气接触会发生氧化反应，逐渐变黄，也就是芋头的"褐变"现象。芋头褐变后，观感差，便会影响价格，

去皮芋头

于是有商家就想方设法避免芋头褐变，采用二氧化硫漂白去皮芋头，让芋头变白。这样做符合相关食品安全的规定吗？

其实，二氧化硫是国内外允许使用的一种食品添加剂，通常情况下该物质以焦亚硫酸钾、焦亚硫酸钠、亚硫酸钠、等亚硫酸盐的形式添加于食品中，或采用硫磺熏蒸的方式用于食品处理，发挥护色、防腐、漂白和抗氧化的作用，可以防止氧化褐变或微生物污染。少量二氧化硫进入体内后最终生成硫酸盐，可通过正常解毒后由尿液排出体外，不会产生毒性作用。但如果人体过量摄入二氧化硫，则容易产生过敏，可能会引发呼吸困难、腹泻、呕吐等症状，对脑及其他身体组织也可能产生不同程度损伤。我国《食品安全国家标准食品添加剂使用标准》（GB2760-2014）明确规定了二氧化硫作为漂白剂、抗氧化剂仅用于经表面处理的鲜水果、水果干类、蜜饯凉果、干制蔬菜等，且对其残留量都有严格的标准（陈芳，2016）。

食品标签体现了该食品的名称、配料、食品添加剂等信息。按照国家标准的规定，生产企业如果在食品中添加了二氧化硫，就应该在食品标签上标识。所以，消费者在选择食品之前，可以通过了解食品标签来辨认该食品中是否添加了二氧化硫。

所以，在选购芋头时，消费者要以正确心态选购食品，避免过度追求食品的外观特性，不要认为芋头颜色越白越好。如果发现芋头过白或长时间不变色，那么有可能是二氧化硫超标的芋头。最好的方法还是购买带皮的芋头自己作削皮处理。

17. 百变的魔芋仿生食品有哪些

魔芋又名鬼芋，是一种天然的保健食品，因其主要成分为葡甘聚糖，是一种优质的天然膳食纤维，能阻碍人体对糖、脂、胆固醇的过量吸收。魔芋精粉在人体的新陈代谢过程中不会提供热量，因膳食纤维难以消化，还可增加饱腹感，稀释肠胃中的有害物质，提高肠道控

魔芋

制能力，加速消化食物通过肠道，对肥胖症、心血管病、糖尿病、消化道癌、高胆固醇等疾病都有预防和辅助治疗的功效，是肠道的清道夫。

随着人们的生活不断改善，人们对生活质量的要求不断提高，魔芋素食越来越受到消费者的喜爱。魔芋精粉（魔芋干燥、粉碎后的产品）富含葡甘聚糖，其膨胀系数可达到原来体积的80~100倍，黏着力强，在碱性条件下加热易性形成凝胶，且有较强稳定性，是良好的仿生食品材料。已有很多食品研发人员对魔芋仿生食品的工艺和参数进行了探索，并得到了丰富的仿生食品。该类食品不仅具有保健功能，色香味具佳，且富有咬劲（孙远明，1999）。

（1）仿生椰果罐头

以魔芋膳食纤维、海藻酸钠、木薯淀粉为主要原料，其质量添加比例分别为3%、0.3%和0.8%，木薯淀粉糖酸比为35。在此条件下生产出的魔芋仿生椰果质地均匀、表面光洁、口感好。仿生椰果弹韧性好，具有良好的咀嚼性且富含膳食纤维，是一种低热量健康食品（袁萍，2016）。

(2) 仿生牛肉

采用魔芋胶和大豆分离蛋白为主要原料，制作时其添加量均为5克，同时添加0.5克碳酸钠、0.3克羟甲基纤维素、2克香菇、3克牛肉香精和30毫升配好的牛肉汤，最后加入适量的上色液，搅拌后再灌肠，最后煮15分钟，再在121℃中高压灭菌15分钟，即可制得仿生牛肉。此组织韧弹性好，咀嚼性好，是一种很受人们喜欢的食品（张新富，2005）。

(3) 仿生鸡肉

利用魔芋多糖和大豆分离蛋白为主要原料，添加0.2克碳酸钠、1克鸡肉粉精、0.1克鸡精、10毫升鸡汤，0.3毫升0.1%的胭脂红溶液和80毫升水。制得的仿生鸡肉既具有魔芋的营养保健功能，又具有大豆分离蛋白的营养功能，是一种新型植物素肉，其感官性状与天然鸡肉相似，可作为鸡肉替代品（胡小静，2006）。

参考文献

蔡自建，阐建全，陈宗道，2003．甘薯营养研究进展[J]．四川食品与发酵，3：48－51．

曾霞，庄南生，2003．木薯分子标记研究进展[J]．华南热带农业大学学报，9（1）：6－12．

陈萌山，王小虎，Wang, X，2015．中国马铃薯主食产业化发展与展望[J]．农业经济问题，4－11．

陈玮，2009．凝固型绿豆雪莲果酸奶的研制[J]．中国酿造，28（04）：179－181．

陈雄，王金华，2006．菊芋酸乳饮料的研制[J]．食品研究与开发，（09）：88－90．

陈艳乐，睢鑫，贾守菊，X. Sui, S. Jia，2006．薯蓣贮藏期不同部位的褐变生理生化差异[J]．河南师范大学学报（自然科学版），120－123．

陈延燕，吴东昱，丁梦娟，2008．豆薯种子的乙醇水溶液提取物对2龄家蚕杀虫活性的研究[J]．大众科技，（6）：137－138．

陈运中，刘章武，1994．甘薯（芋头）冰淇淋工艺和配方研究[J]．武汉轻工大学学报，（02）：7－10．

陈忠文，2008．豆薯种子高产繁殖技术[J]．种子科技，2008，26（1）：56．

陈忠文，冯仕喜，郭仕平，杨再学，汪森富，林莉，代富琴，石远奎，2007．余庆地瓜1号的选育与利用[J]．种子，26（6）：80－81．

程勇祥，2011．血液灌流治疗地瓜籽中毒报道1例[J]．中国中医药现代远程教育，09（20）：100－101．

戴起伟，钮福祥，孙健，曹静，2015．中国甘薯淀粉产业发展现状与前景展望[J]．农业展望，40－44．

丁映，陈鹰，乐俊明，陈沫，2010．马铃薯的贮藏与管理技术[J]．贵州农业科学，38（1）：165-167．

杜秀虹，岳艳玲，2009．雪莲果发酵乳的研制[J]．中国酿造，（07）：177-180．

段光明，刘加，李霞，1995．马铃薯糖苷生物碱的生物学作用及开发利用[J]．资源开发与市场，11（2）：61-65．

方忠祥，倪元颖，2001．甘薯食品研究概况[J]．食品研究与开发，22：11-14．

高超．木薯叶营养成分及其膨化食品的研究[D]．河南工业大学，2011．

高建军，沈国祥，王建明，2011．汉中花魔芋的收获与安全贮藏技术[J]．汉中科技，（1）：40．

韩黎明，2012．我国马铃薯加工现状分析及对策建议（一）[J]．福建农业，34-35．

何靖，刘祥梅，方红斌，2008．低糖雪莲果果脯的研制[J]．食品工业科技，（12）：179-181．

何焱，2013．薯蓣皂苷元药理作用及其机制研究进展[J]．中草药，2759-2765．

胡小静，耿家圣，李绍平，周杨，张发春，赵庆元，龚加顺，2006．魔芋仿生鸡肉的研制[J]．食品工业科技，27（8）：101-102．

胡尚勤，2008．芋艿酱的研制及营养分析[J]．中国调味品，33（05）：61-63．

胡尚勤，穆明琪，2008．芋头麻辣鲜加工新法[J]．农家科技，（4）：42．

华景清，蔡健，2008．雪莲果保健冰淇淋的研制[J]．食品科技，33（12）：83-85．

华景清，蔡健，徐良，陈坚，2009．雪莲果保健酥饼制作工艺[J]．食品研究与开发，30（12）：116-118．

黄华宏，2002．甘薯淀粉理化特性研究[D]．浙江大学．

黄金华，王士长，梁珠民，莫文湛，周贞兵，2009．不同处理对木薯渣饲料营养价值的比较[J]．广西农业科学，768-771．

黄新芳，柯卫东，彭静，1999．多子芋越冬贮藏试验[J]．长江蔬菜，（04）：37-38．

黄雪松，2006．国外鲜切产品生产工艺概况[J]．现代食品科技，22（1）：147-151．

冀凤杰，侯冠彧，张振文，王定发，李茂，周汉林，2015．木薯叶的营养价值、抗营养因子及其在生猪生产中的应用[J]．热带作物学报，1355-1360．

姜瑞敏，史美丽，陈玉珍，袁月莲，栾明川，1998．芋头淀粉性能及化学组成的研究[J]．莱阳农学院学报，（02）：52-55．

蒋高松，Ramsd. L，1998．芋头在加工食品中的应[J]．中国食品工业，（12）：15．

阚欢，郭娱良，李贤忠，2009．雪莲果果酒酿造工艺研究[J]．江苏农业科学，（03）：300-302．

阚欢，和润喜，2008．雪莲果果醋的试制[J]．中国酿造，27（09）：126-127．

阚琳玮，2014．不同处理方式对马铃薯品质的影响研究[D]．河南工业大学．

康明丽，2002．甘薯与甘薯食品的开发山西食品工业[J]．山西食品工业，1：18-19．

郎进宝，蒋永泰，汪卫岳，陈炯斐，陈其乐，陈明昌，2005．无公害绿色保健食品——奉化红芋艿[J]．北方农业学报，（2）：49-50．

李锋，李建科，赵燕，2006．红薯的保健功能及发展趋势[J]．农产品加工（学刊），11：21-23．

李克来，1985．马铃薯收获和加工[J]．农业科学实验，8-9．

李明义，董苍玉，肖国芝，马长明，贾弘，顾平圻，1993．番薯叶多糖制剂的升血小板作用及其机理的初步探讨[J]．北京医科大学学报，25（4）：261-263．

李雅臣，李德玉，吴寿金，1996．芋头化学成分的研究[J]．中草药，41（2）：78．

李彦坡，麻成金，黄群，2006．低糖凉薯果脯的研制[J]．现代食品科技，22（2）：176-178．

李永才，毕阳，2012．几种新型马铃薯抑芽剂效果评价[J]．中国农学通报，28（6）：135-139．

李有志，魏孝义，徐汉虹，黄小清，姚振威，2009．豆薯种子中的杀虫成分及其毒力测定[J]．昆虫学报，52（05）：514-521．

梁海波，黄洁，安飞飞，魏云霞，2016．中国木薯产业现状分析[J]．江西农业学报，28（6）：22-26．

梁敏，邹东恢，王殿友，2003．甘薯的保健功能与开发利用[J]．山东食品科技，

5：3-4.

刘畅，刘宇，刘石生，Y．Liu，S．Liu，2014．甜木薯饮料加工工艺研究[J]．食品工业，139-142.

刘贵臣，陈志勇，张绪成，2009．极具开发价值的菊芋[J]．农村实用科技信息，(09)：18.

刘锐雯，2014．木薯膳食纤维的提取工艺及理化性质的研究[D]．厦门大学.

刘向东，1991．福鼎槟榔芋贮藏保鲜技术[J]．中国蔬菜，1（05）：20.

龙德清，刘传银，朱圣平，2003．魔芋的开发利用与研究进展[J]．食品科技，(11)：19-21.

罗秉伦，1990．奉化大芋艿[J]．宁波农业科技，(2)：30-32.

罗水忠，郑志，潘利华，姜绍通，2009．雪莲果乳酸菌发酵饮料的研制[J]．食品科学，30（22）：387-390.

吕美芳，2015．甘薯储藏方法[J]．河北农业，7-7.

吕锦玲，陈建中，2005．芋头植物胶提取条件的研究[J]．化学与生物工程，22(6)：26-27.

麻成金，1994．地瓜原汁饮料生产工艺的研究[J]．食品工业科技，(3)：24-27.

麻成金，李加兴，姚茂君，1996．全天然复合凉薯汁饮料的研究[J]．饮料工业，(3)：21-22.

马代夫，李强，曹清河，钮福祥，谢逸萍，唐君，李洪民，2012．中国甘薯产业及产业技术的发展与展望[J]．江苏农业学报，969-973.

苗晓洁，董文宾，代春吉，梁西爱，2006．菊糖的性质、功能及其在食品工业中的应用[J]．食品科技，31（4)：9-11.

木泰华，2013．我国薯类加工产业现状及发展趋势[J]．农业工程技术（农产品加工业），(11)：17-20.

牛义，张盛林，王志敏，刘佩瑛，2005．中国的魔芋资源[J]．西南园艺，33(2)：22-24.

彭亚锋，2000．浅谈薯类食品的开发和前景[J]．农牧产品开发，8：21-22.

蒲海燕，李影球，周剑新，林绣群，2009．雪莲果果脯加工工艺研究[J]．食品工业，(4)：16-17.

钱文文，辛宝，史传道，李佩，2016. 药食两用型植物山药中多糖的保健功效[J]. 长江蔬菜，(18)：45-47.

郄敏茹，2014. 冬季如何储藏甘薯[J]. 河北农业，17-18.

邵明新，王建明，2010. 陕南花魔芋收获与贮藏技术[J]. 现代农业科技，(18)：140-140.

石小琼，邓金星，张映斌，2001. 真空预冷技术在子芋冷藏保鲜上的应用研究[J]. 农业工程学报，17 (4)：86-90.

石翠梅，2012. 薯蓣高产栽培技术[M]. 农业技术与装备，58-60.

石燕，邹金，郑为完，张海玲，2010. 稻米主要营养成分和矿质元素的分布分析[J]. 南昌大学学报（工科版），32 (4)：390-393.

袁萍，范春相，2016. 魔芋仿生椰果罐头的研制[J]. 中国食物与营养，22 (1)：62-64.

司徒立友，景卓琳，项中坚，夏亦芹，王锦昌，应国助，郎进宝，2006. 营养丰富的奉化芋艿头[J]. 上海农业科技，(03)：89-89.

宋春凤，徐坤，2004. 芋的研究进展[J]. 中国蔬菜，1 (03)：58-61.

宋永刚，胡晓波，王震宙，2007. 山药的活性成分研究概况[J]. 江西食品工业，(4)：45-48

孙永梅，2016. 山药加工副产物中多糖的提取及活性研究[D]. 南昌大学.

孙远明，吴青，谌国莲，黄晓钰，1999. 魔芋葡甘聚糖的结构、食品学性质及保健功能[J]. 食品与发酵工业，25 (5)：47-51.

孙远明，陈时延，1998. 魔芋精粉加工-魔芋科学技术与产业[Z]. 全国首届魔芋高级培训班教材，53-71.

孙远明，李明启，杨幼慧，1997. 魔芋精粉气味成分的研究[J]. 食品与发酵工业，(4)：25-29.

孙哲浩，2005. 新鲜及新鲜切割果蔬产品质量控制的探讨[J]. 佛山科学技术学院学报（自然科学版），23 (1)：62-65.

孙忠伟，张燕萍，向传万，2004. 芋头淀粉的分离和纯化[J]. 食品与发酵工业，

30（3）：117-121.

台建祥，华希新，王家万，钮福祥，黄光荣，付勤，1998. 特白一号薯叶制品功能性实验及临床应用研究[J]. 作物学报，24（2）：161-167.

唐德富，P，I，M，C，，汝应俊，宋淑玉，2014. 木薯产品营养成分的分析与比较研究[J]. 中国畜牧兽医，74-80.

檀子贞，王红育，1999. 芋头乳酸菌发酵酸奶的研究[J]. 食品研究与开发，（3）：19-20.

汪建国，2008. 雪莲果露型黄酒的研发[J]. 中国酿造，27（17）：90-93.

汪毓萼，方胜，1998. 减压贮藏芋头的试验研究[J]. 食品科学，19（12）：53-57.

王迪轩，张良芳，2008. 芋头深加工工艺四则[J]. 保鲜与加工，8（2）：41-41.

王芳，刘雁南，赵文，2016. 推进中国马铃薯主食化进程研究[J]. 世界农业，（3）：11-14.

王金刚，杜宁娟，2008. 菊粉的工业化生产技术与发展前景[J]. 食品工业科技，（11）：309-312.

王丽，罗红霞，李淑荣，汪慧华，Luo，H.，Li，S.，Wang，H，2017. 马铃薯淀粉、蛋白质及全粉的特性及加工利用研究进展[J]. 中国粮油学报，141-146.

王世强，2010. 甘薯烂窖原因及其安全储藏[J]. 科学种养，55-56.

王新龙，2014. 紫甘薯酒加工及相关工艺特性研究[D]，江西农业大学.

王旺田，张金文，白江平，王宝强，李朝周，杨江伟，杨宏伟，2017. 马铃薯糖苷生物碱研究进展[J]. 分子植物育种，14（2）：744-749.

王文林，彭海燕，1999. 山药的食疗运用[J]. 药膳食疗研究，（1）：31-31.

王瑜，高畅，张娜，梁小璇，佟立全，陈智贤，孟庆繁，2006. 芋头多糖的提取及生物活性的研究[J]. 食品工业科技，27（6）：73-75.

魏艳，黄洁，林立铭，罗春芳，2016. 木薯块根不同部位的营养成分研究[J]. 西北农林科技大学学报（自然科学版），44（6）：53-61.

邬时民，2009. 亦食亦药话芋头[J]. 健康博览，（1）：55-55.

吴兵，姚昕，廖文龙，2008. 雪莲果果粉生产工艺的探讨[J]. 农产品加工：学刊，（11）：51-52.

吴家林，彭鹏，贺建华，2015. 木薯粒营养价值评定及其在畜禽日粮中的应用研究综述[J]. 广东饲料，37-39.

熊建华，董开发，朱丽梅，2001. 速冻芋头丸的研制[J]. 粮食与食品工业，（2）：32-34.

熊新荣，胡兵，王小娟，刘俊霞，袁勇，孙天龙，2015. 马铃薯储藏库的温湿度控制方案研究[J]. 陕西农业科学，61（10）：43-46.

徐明亮，董惠，2008. 雪莲果的开发与利用探究[J]. 凯里学院学报，26（06）：99-101.

许晓春，林朝朋，简艳桃，2006. 去皮鲜切香芋真空包装低温保鲜研究[J]. 广东农业科学，（08）：70-71.

许晓春，林朝朋，李金燕，2007. 鲜切香芋不同包装处理的贮藏效果及其生化变化[J]. 包装工程，28（7）：9-11.

詹彤，陶靖，王淑如，1999. 水溶性山药多糖对小鼠的抗衰老作用[J]. 药学进展，23（6）：356-360.

杨抑，吴卫国，2007. 油炸香芋片的研制[J]. 食品科技，32（11）：79-83.

谢丽玲，佘纲哲，李剑欢，钟秀珠，1996. 红薯叶提取物对五种致病菌的抑制作用[J]. 汕头大学学报（自然科学版），11（2）：77-84.

虞炳钧，童筱莉，李筱琴，1990. 芋子加工废皮酿制白酒[J]. 浙江工业大学学报，（2）：70-74.

郑诚，张槭，陈美环，邱质华，蒲英远，1993. 饲料用木薯粉的营养价值评定[J]. 华南农业大学学报，71-75.

张甫生，庞杰，徐秋兰，吴艺秋，2003. 去皮芋头的魔芋涂膜保鲜研究[J]. 广州食品工业科技，19（2）：8-9.

张先梅，2008. 浅谈山药的营养保健功能[J]. 实用医技杂志，15（17）：2248.

张新富，幸治梅，黄富灵，龚加顺，2005. 新型魔芋仿生牛肉的研制[J]. 食品研究与开发，26（4）：694-696.

张秀丽，张俊峰，2002. 芋头窖存技术[J]. 贮藏与加工，5（8）：40.

张莹，2011. 薯蓣多糖的提取工艺的初步研究[J]. 齐齐哈尔工程学院学报，49-52.

张彧，吴祎南，陈莉，高荫榆，朱靖博，2006. 红薯茎叶化学组成的研究进展[J]. 食品科学，27（3）：252-256.

张郁松，2008. 新型魔芋仿生猕猴桃果肉的研制[J]. 食品科技，33（5）：63-64.

赵国华，陈宗道，王赟，2002. 芋头多糖的理化性质及体内免疫调节活性研究[J]. 中国食品学报，2（03）：21-25.

赵红卫，1996. 芋头糊和芋头饮料的研制[J]. 食品研究与开发，（3）：24-27.

赵晓川，王卓龙，孙金艳，2006. 菊芋在畜牧生产中的应用[J]. 黑龙江农业科学，（6）：39-40.

赵宗保，胡翠敏，2011. 能源微生物油脂技术进展[J]. 生物工程学报，27（3）：427-435.

周虹，张超凡，黄光荣，2006. 甘薯全粉的加工与应用[J]. 湖南农业科学，5：106-108.

周玲，1998. 甘薯与保健[J]. 中国食物与营养，6：47-48.